U0201382

Perry 小鼠实验系列丛书

Perry小鼠实验
标本采集

Perry's Collecting Specimen on Laboratory Mouse

刘彭轩　著

北京大学出版社
PEKING UNIVERSITY PRESS

图书在版编目（CIP）数据

Perry 小鼠实验标本采集 / 刘彭轩著 . —北京：北京大学出版社，2022.10
（Perry 小鼠实验系列丛书）
ISBN 978-7-301-33101-9

Ⅰ.①P… Ⅱ.①刘… Ⅲ.①鼠科—实验医学—标本—采集 Ⅳ.①Q959.837.06

中国版本图书馆CIP数据核字（2022）第112444号

Translation from the English language edition:
Liu's Principles and Practice of Laboratory Mouse Operations: A Surgical Atlas
by Pengxuan Liu and Don Liu
Copyright © 2022 by Pengxuan Liu and Don Liu, under exclusive license to Springer Nature Switzerland AG.
All Rights Reserved.
版权所有。未经出版人和作者事先书面许可，对本出版物的任何部分不得以任何方式或途径复制出
版，包括但不限于复印、录制、录音，或通过任何数据库、信息或可检索的系统。
本书中文版权© 2022 由北京大学出版社所有。
本书封底贴有北京大学出版社防伪标签，无标签者不得销售。

书　　　名	Perry 小鼠实验标本采集
	Perry XIAOSHU SHIYAN BIAOBEN CAIJI
著作责任者	刘彭轩　著
责 任 编 辑	黄　炜
标 准 书 号	ISBN 978-7-301-33101-9
出 版 发 行	北京大学出版社
地　　　址	北京市海淀区成府路 205 号　100871
网　　　址	http://www.pup.cn　　新浪微博：@北京大学出版社
电 子 信 箱	zpup@pup.cn
电　　　话	邮购部 010-62752015　发行部 010-62750672　编辑部 010-62764976
印 刷 者	北京九天鸿程印刷有限责任公司
经 销 者	新华书店
	720 毫米×1020 毫米　16 开本　19.25 印张　347 千字
	2022 年 10 月第 1 版　2022 年 10 第 1 次印刷
定　　　价	230.00 元

未经许可，不得以任何方式复制或抄袭本书之部分或全部内容。
版权所有，侵权必究
举报电话：010-62752024　电子信箱：fd@pup.pku.edu.cn
图书如有印装质量问题，请与出版部联系，电话：010-62756370

影像编辑　　　王成稷

病理编辑　　　寿旗扬

美术编辑　　　罗豆豆

顾　问　　　范春

共同作者
（以拼音为序）

郭连香

刘　波

王成稷

吴艳青

徐桂利

感谢专业图片支持

（以拼音为序）

管恩雨、刘大海、宋柳江、辛晓明、张桂贤、张　阔

特别鸣谢

（以拼音为序）

济南益延科技发展有限公司

界定医疗科技（北京）有限责任公司

思科诺思生物科技（北京）有限公司

苏州西山生物技术有限公司

中动创新（北京）新媒体科技有限公司

中生北动（北京）科技发展有限公司

序

　　挚友 Perry（刘彭轩）是一位少有的治学严谨而为人至诚的学者。无论是求学、做事和为人，都是一丝不苟，务求真实完善。然而在他获取了成就之后，首先会想到专业进步⋯⋯ 如何去继续开拓、创新，如何去帮助更多的人。

　　实验动物模型是临床医学、药学以及生物、基因治疗等多种学科研究的基石。在这些学科中，许多重大发现或进展是建立在一些合乎严格科学要求标准的动物模型上的，其实验操作之重要性可想而知。可惜的是，具有如此重要学问的一环，在世界的学术界里面很难找到一本与之相匹配的，既有权威性，又富有实用性，既容易理解，又附有大量清晰图片的著作，故而这本书为专业人员期待已久。在书中，不但有 Perry 在实验小鼠解剖、操作程序设计和技术关键三个方面所做的系统研究，而且不乏其尚未发表的、世界最新的专业技术和知识。Perry 对实验小鼠某些解剖结构的深入研究，也已达到当今世界前所未有的深度。他以这些新发现重新审视流行的技术，大范围地修正之。其大有卅年不飞，一飞冲天之势。

　　本书不但是 Perry 个人 30 余年的心血成就，也是他理念的结晶。本书不拘泥于传统，而是挑战并且超越固有的思维方式。其讲究坚持真理与切身实践，决不容许没有科学证据的苟且或借用，而且更代表了现代学者迈入新领域的决心与引领走向新旅程的能力。如今，本书的中英文版分别由北京大学出版社和自然科学、技术和医学 (STM) 领域全球最大的图书和学术期刊出版社之一的斯普林格（Springer）出版社出版，与图书同时推出的还有数百个专业视频。我深信，本书必将被世界各国该领域学者奉为经典之作！

　　本人有幸得以在 30 多年前与 Perry 在工作上结识，旋即成为挚友。工作之外，Perry 与我结为君子之交。有时难得相见，但见面时经常畅谈竟夜，天文地理，古今中

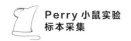
外，以及家常琐事无所不谈。故我对他撰写此书之呕心沥血的过程所知甚深。如今得以
看到这本著作即将问世并造福学者、学术界，甚至为人类做贡献，的确令人鼓舞骄傲。
更蒙他相邀作序，不胜荣幸。

刘　顿

美国眼科学会会员

美国眼科协会最高荣誉奖获得者

美国眼科委员会主考官

美国多种医科、眼科专业杂志编委会成员、评审员

美国眼科整形重建外科学会高级指导教授

美国密苏里大学眼科主任教授

美国南加州大学眼科前主任教授、校长特别顾问

2022 年夏于美国密歇根

凡例

一、《Perry 实验小鼠实用解剖》（以下简称《实用解剖》）为"Perry 小鼠实验系列丛书"（以下简称"丛书"）的基础分册，介绍了小鼠实验技术操作的基础。《Perry 小鼠实验标本采集》（以下简称《标本采集》）、《Perry 小鼠实验给药技术》（以下简称《给药技术》）、《Perry 小鼠实验手术操作》（以下简称《手术操作》）为丛书的技术分册，涵盖了小鼠实验中常用的和创新的专业手术技巧和操作技术。

二、《标本采集》《给药技术》《手术操作》在介绍操作技术时，大部分包括背景、解剖基础、器械与耗材、操作方法（含操作讨论）等内容。"背景"对一项技术操作当前状况、使用范围等予以简单介绍；"解剖基础"是在《实用解剖》基础上，对本章涉及的局部解剖做针对性的介绍；"器械与耗材"列出技术操作中涉及的主要器械与耗材；"操作方法"详细介绍各技术的操作流程，图、文、视频并茂，操作方法中的"→""↓"等符号用于向读者提示大致的阅读方向。其中的"操作讨论"围绕技术操作展开，内容包括对可能出现问题的分析及其解决办法、操作技术的要点和应用范围、操作结果的检验等。

三、理论和实际应用联系紧密，各种操作技术之间也相互关联，任何一种技术都不可能独立地存在，因此，为了方便读者更好地查找、运用理论知识和技术要点，在基础分册和三本技术分册中分别用不同颜色的数字给读者以提示。其中，颜色代表不同的分册，红色为《实用解剖》，绿色为《标本采集》，蓝色为《给药技术》，咖啡色为《手术操作》；数字代表章的序号。例如，❸表示读者可以参阅《实用解剖》第 3 章的相关知识。随套装图书赠送的解剖-操作检索总图的颜色标记亦从此例。另外，数字的位置体现了与知识点的相关性。在每册书的最后附有"丛书索引"，可以查询所涉及的理论知识和技术要点的章名，便于读者有针对性地阅读图书或观看视频。

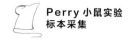

四、在各技术分册的"器械与耗材"中给出了所用器械的名称，在"操作方法"中，为了描述的简洁，在不影响理解、不出现混淆的情况下，一些常用器械和耗材用其简称，例如，用剪子、镊子代指"器械与耗材"中给出的各类剪子和镊子，用针持代指显微针持，用烧烙器代指电烧烙器，控制器代指小鼠控制器等。

五、四本分册都采用"互联网＋"技术，分别通过一书一码为读者提供专业操作视频，在书内标注▶之处，即表示该操作有相应视频可供读者学习；《实用解剖》还为读者提供了一个实验人员在线交流互动的平台。

目 录

标本采集是临床医学中的重要组成部分，在小鼠实验中亦然。

曾有人问及，小鼠标本采集与临床的有何不同。我感觉在原则上没有什么不同，但是总结多年的临床和动物实验经验，细思起来还是有很多具体差异。

临床标本分为活体标本和尸体标本，相应地，有关标本检查分别称为活检和尸检。临床活检方法必须考虑尽量减少给病人造成损伤，更不容许因采集标本而致病人死亡。实验小鼠专门用于实验，标本检查自然不局限于活检和尸检，更有在采集标本后立即对小鼠施行安乐死。所以，标本采集方法不必效仿临床，可以放开手脚，在不违反实验动物伦理的前提下，以取得最佳标本为第一考虑。

专业的小鼠标本采集方法不能简单照搬临床方法，必须建立在对小鼠的特殊生理和解剖结构充分了解之上，针对具体的实验目的精心设计。其设计要点主要体现在以下几个方面：

（1）按照小鼠解剖特点，设计标本采集程序。

小鼠实验经常需要新的模型设计，往往没有旧例可循，应该根据小鼠的解剖特点设计相应的操作程序。例如，实验需要采集多处皮下淋巴结，这时，不必在每一处淋巴结部位切开皮肤来采集，可以根据小鼠小体形、松皮的特点，轻松地大面积撕开皮肤，迅速采集多处皮下淋巴结。在多内脏采集时，也无须按照临床方法备皮消毒后切开皮肤，同样可以直接撕开皮肤后打开胸腔或腹腔采集，又快又干净。

了解小鼠的解剖特点，还有助于准确采集标本。例如，熟悉心脏的解剖位置，可以通过皮肤穿刺心脏，准确采集左心室血样或右心室血样，而不是简单地、糊里糊涂地采集心脏血样而不知是动脉血还是静脉血。

了解小鼠的病理机制，可以有效地采集标本。例如，采集完整的视网膜，无须仔细地解剖眼球，一层一层地暴露到视网膜，而是迅速切开角膜，使眼压骤降，造成视网膜自动

脱离。如此完整的视网膜采集用不了 1 分钟。

了解小鼠的生理变化，可以避免遗漏标本。例如，雄鼠濒临死亡时，大量精浆进入尿道膜部，解剖尸体采集精浆时，除了左、右精囊内的标本之外，不要忘记尿道里还存在一个巨大的精浆棒。

（2）按照实验目的设计标本采集程序。

不同的实验目的，对标本采集程序的要求会有不同，尤其在采血时，这个原则非常重要。有的实验需要小量血样，有的需要大量血样，有的每天都需要小量血样。我们只有熟悉小鼠的血管解剖特点，知道各血管出血量、是否容易止血、如何采集方便等，方可确定从哪个部位采血。有时需要为特殊的实验要求设计采血方法，例如，特殊实验需要在短时间内多次小量分批采血，在了解小鼠眼眶并非由完整的眶骨构成，熟知肌性眼眶和眼眶静脉窦的解剖和生理之后，专门设计"采血开关"，可以控制出血量和采血的起止时间，犹如控制水龙头开关一样方便。本书分 18 章介绍采血方法，尽量使读者系统了解小鼠全身可供采血的部位及其适用条件。

（3）按照设计好的专门标本采集程序，选择或制作操作工具。

标本采集时，要善用手术器械。针对小鼠体形小、器官脆弱的特点，在采集完整脑组织时，无须将颅骨完全剪开，只需用剪子的侧面撑开颅骨即可，这样可确保脑组织不被剪尖划伤。为了精准切开尾侧动静脉而不伤及深面组织，自行设计了尾侧血管横断器，可以保证每一刀划开皮肤的深度正好触及尾侧动静脉，保证了切口的精准。

专业的小鼠标本采集并非简单地把标本摘取出来，有些特殊的标本还需要进一步做采集后处理，尤其在制作石蜡病理标本时。例如，临床眼球标本必须环形切开做病理处理，而小鼠眼球直径仅约 2 mm，眼球壁极薄，如果简单地固定脱水，势必造成眼球塌陷。所以，在采集标本后必须先做眼球开窗，才能继续后续的常规脱水浸蜡处理。诸如此类的特殊标本，必须在采集后做进一步的体外处理，才算真正完成标本采集工作。

总而言之，小鼠标本采集是系列专业操作，是需要根据实验课题专门设计的。切记的是：第一，不能简单抄袭临床方法；第二，不能采用僵化的一成不变的操作规程。保持小鼠操作的专业性就是根据小鼠的生理、解剖特点，随时设计专门服务于实验课题的操作程序。我相信，随着同道们的实践和总结，这个系列专业操作技术会越来越完善，操作内容会越来越丰富。此书为抛砖引玉，但愿同道们能一起努力，将之发扬光大。

本书能顺利出版，少不了众多专业友人的鼎力相助。

　　首先，感谢郭连香、刘波、王成稷、吴艳青和徐桂利五位专家作为共同作者为本书锦上添花。尤其感谢王成稷的无私付出。本书图片占比极大，而且大多数操作都有视频展示。王成稷不但是本书的共同作者，投入了大量的时间精力亲自操刀手术，还担任了专业手术影像编辑之职，承担摄影、录像工作，并参与了图片和视频的编辑。工作量之大，技术难度之高不难想象。

　　其次，还要特别感谢同道好友提供的专业图片支持。

　　感谢北京大学出版社对本书的高度认同和锲而不舍的全力支持，在疫情中坚持出版工作，使得图书最终得以面世。

　　最后，感谢美国著名的医学大师、美国眼科协会最高荣誉奖获得者刘顿教授为本书作序。

刘彭轩

于 2022 年春

第1章
标本采集一般原则

标本采集是许多动物实验操作中必需的步骤，这些步骤的实施并没有固定不变的规则，只有一般原则。根据实验要求操作是标本采集的大前提，在此前提之下，各类标本要遵循的一般原则如下：

（一）在采集无污染标本时

（1）手术器械常规消毒。

（2）采集非体表标本时，应先剥皮，避免皮肤给标本带来污染。无须模仿临床标本采集操作，无须备皮和体表消毒。

（3）在确定标本采集顺序时，注意最后取胃肠标本，避免消化道食物对标本的污染。

（二）在采集生物活性标本时

（1）脑处死后，心脏功能能维持一段时间，应在此期间迅速采集标本。

（2）标本采集后应迅速进行下一步处理，如冷冻、固定等。

（三）在采集病理标本时

（1）石蜡包埋标本要求形态完好。

① 血管采集前，用肝素生理盐水冲洗循环系统，可避免血栓堵塞血管。

② 血管内灌注福尔马林等固定液时，要保持生理血管内压，以保证血管正常形态。

③ 取出肺后，要马上排除肺内气体，彻底置换肺内液体。

（2）冰冻标本要求快速处理，严格控制冷冻温度。

（四）在采集血液标本时

（1）避免溶血的措施。

① 尽量用大针头采血。

② 抽血时要匀速，不可过快或过慢。

③ 避免针头多次进入血管或心腔，要一针见血。

④ 采血完毕，应先取掉注射器上的针头，再将血样注入容器中。

（2）避免血凝的措施。

① 保证抗凝剂用量准确。

② 采血针头内应充满抗凝剂，使针头与血液之间没有空气隔离。

③ 尽量减少对血管内皮细胞层的损伤，以减少组织因子的释放。

（3）最大量采血的措施。

① 维持小鼠较高的体温。

② 小鼠身体位置适宜。

③ 临时提高小鼠血压。

④ 选择可大量采血的方法，例如，摘眼球、心脏穿刺、眼眶静脉窦引流。

⑤ 尽量延长心脏有效工作时间。

头颈部器官采集

第一篇

第 2 章

全脑采集

一、背景

小鼠脑部的各种标本多在进行全脑采集后再做细分。如何快而完整地采集全脑，是脑标本采集的关键技术。

二、解剖基础

小鼠颅骨（图 2.1）很薄，显微镜下可以隐见脑表面的血管。在颅骨正中有矢状缝，贯穿鼻骨、额骨和顶骨。矢状缝向前延伸为鼻间缝。两侧顶骨与颞骨、蝶骨相交处为侧缝。

枕骨大孔为延髓出颅腔处。脑底面有脑神经和眼动脉等出入。全脑采集需要断掉这些血管、脑神经和延髓。

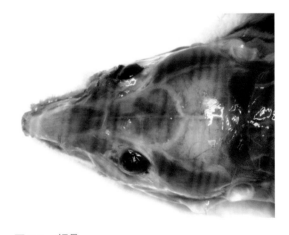

图 2.1　颅骨

三、器械与耗材

12.5 cm 直剪；有齿镊；长圆药勺（图 2.2）。

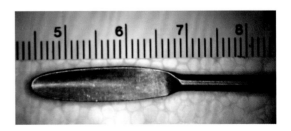

图 2.2　长圆药勺

四、操作方法

全脑采集法见图 2.3。

1. 小鼠处死，无须剃毛和备皮。
↓

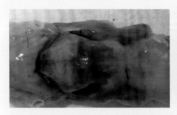 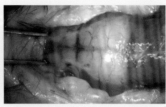

4. 用有齿镊夹住两侧眼眶内缘，固定头部。↓

2. 用直剪将背部皮肤横行剪开 1 cm，向前撕开皮肤并向上翻起。▶ →

3. 继续前翻皮肤，直至双眼部位暴露。→

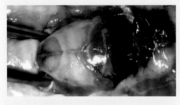 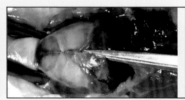

5. 横行剪断后颈项肌肉，暴露枕骨大孔上缘。→

6. 将直剪从枕骨大孔插入，紧贴颅骨内侧，沿中轴线剪开枕骨和顶间骨。↓

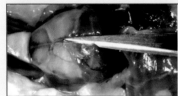 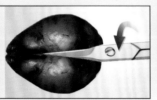

7. 直剪旋转 90°，卡在剪开的颅骨缝隙中。→

8. 将直剪缓慢向前平推，逐渐利用直剪的三角面将颅骨向两侧慢慢挤开。↓

9. 张开剪口，进一步撑开颅骨。↓

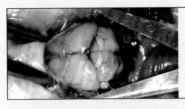

10. 此时，直剪尖端位于颅骨外面，不可进入颅腔。进一步将直剪双外缘顶住顶骨裂口，撑开顶骨，使之在侧线处断裂，向外侧断开。↓

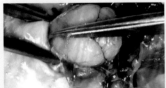

11. 再把下剪尖插入额骨内面，沿中线剪开额骨。→

12. 将直剪旋转90°。→

13. 张开剪口，将左、右额骨向两侧折断。↓

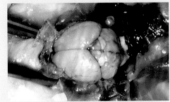

14. 此时完整暴露全脑。→

15. 将药勺插入鼻骨内面。→

16. 将嗅球向后拨动数毫米。↓

17. 再将药勺从脑底面插入。→

18. 插入颅底，直达嗅球底面，铲断颅底脑神经。→

19. 轻柔地将全脑端出。

图 2.3　全脑采集法

操作讨论

（1）不损伤脑的操作技巧：用直剪撑开而非剪开顶骨；在撑开顶骨时，左、右用力要均匀，以免仅单侧顶骨被折断；从侧线剪开颅骨，非常容易伤及脑组织，所以不宜采取由后向前的"掀盖法"，而宜采取由中间向两侧的"撑开法"。

（2）截断脑神经的技巧：药勺插入颅底稍横向摆动，可截断所有脑神经和血管。

第 3 章
眼球及视神经采集

一、背景

小鼠眼球采集的目的不同，采集方法也不同。如果没有特殊要求，可以用基本眼球摘取术简单摘取眼球。如果要做石蜡病理标本，需要采用眼球破壁摘取法（眼球开窗），这是避免石蜡包埋过程中出现眼球塌陷的必要步骤。本章分别介绍基本眼球摘取法和眼球破壁摘取法。

二、解剖基础

小鼠眼球壁前半部分是角膜，后半部分从外向内依次为：球结膜、巩膜、脉络膜、视网膜。眼球（图 3.1）中含有较多液体的部位是前房和玻璃体。

小鼠眼球后连接视神经，视神经与视盘连接较紧密。简单摘眼球会在视交叉部位拉断视神经，可获至少 6 mm 视神经（图 3.2）。

图 3.1　眼球

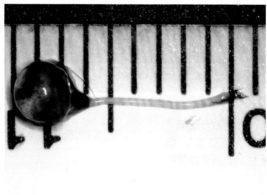

图 3.2　视神经

三、器械与耗材

手术显微镜；显微有齿镊；显微平镊；小号弯血管钳；显微剪；显微针持；缝针（8-0扁针）。

四、操作方法

（一）基本眼球摘取法（图3.3）

1. 取小鼠新鲜尸体。

↓

2. 向后拉紧眼睑，使眼球突出。→　　　3. 用弯血管钳夹住眼球后部。↓

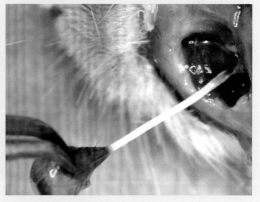

4. 直接拔出眼球，带出视神经。→

5. 拔出的视神经长可达6 mm。

↓

6. 摘取眼球，视神经即从视交叉上被撕断。

图3.3　基本眼球摘取法

（二）眼球破壁摘取法（图3.4）

1. 眼球摘取步骤同"基本眼球摘取法"。摘取眼球后，用弯血管钳继续夹住眼球后部。

►

↓

2. 用显微有齿镊夹住角膜缘处的球结膜。↓

3. 用缝针从前房刺入，经巩膜穿出。↓

4. 缝针行进至半途停下来。↓

5. 松开显微针持和显微有齿镊。↓

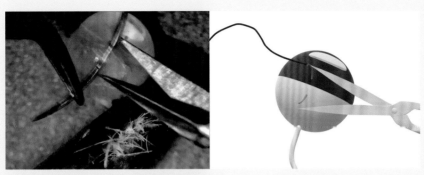

6. 以显微平镊固定缝针，用显微剪插入针下。↓

7. 将显微剪前探，深入针下 1 mm，松开平镊，放开缝针。↓

8. 剪下缝针穿透的眼球壁。↓

9. 眼球壁缺如，令前房、玻璃体腔与外界开通。↓

10. 放开弯血管钳，将眼球浸入固定液。

图 3.4　眼球破壁摘取法

操作讨论

　　眼球病理切片常见视网膜脱离、角膜塌陷（图 3.5），甚至眼球缩瘪，其原因在于脱水过程中完整眼球内的水分被吸出，导致眼球收缩塌陷。若脱水前使眼球前房和玻璃体开放，可以避免脱水过程中这个问题的出现。

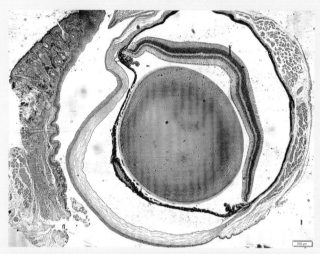

图 3.5　小鼠眼球病理切片，可见没有开窗的眼球角膜塌陷，
视网膜脱离（宋柳江供图）

第 4 章

完整视网膜采集

一、背景

　　小鼠视网膜采集方法分为两种：一是部分采集，只获取一些视网膜组织；二是完整采集全视网膜神经上皮层。视网膜非常脆弱，如果用刀和剪子一点一点地切，很难得到完整的视网膜。本章根据临床急性视网膜脱离的病变原理，介绍快速完整地采集视网膜的技术。

二、解剖基础

　　小鼠视网膜（图 4.1）最外层是色素上皮层，近内面的是神经上皮层。色素上皮层和神经上皮层之间有一个潜在的间隙，如果这个间隙分离，就造成临床上的视网膜脱离。慢性视网膜脱离有各种病因，急性视网膜脱离多由于眼内压突然下降，使支持神经上皮层的压力骤减，继而与色素上皮层脱开。

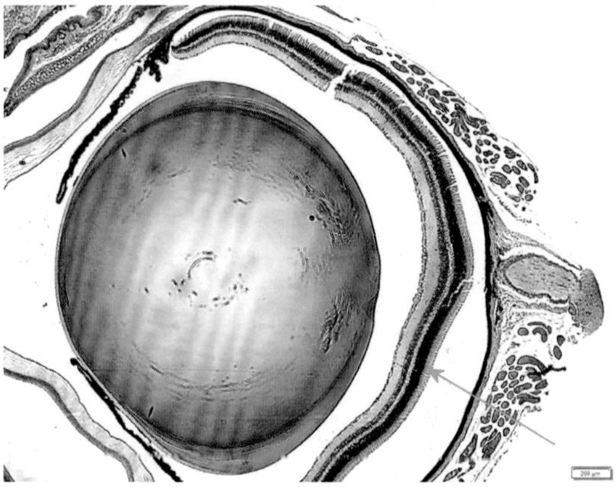

图 4.1　视网膜脱离的病理切片，H–E 染色。箭头示视网膜（宋柳江供图）

三、器械与耗材

　　（1）完整视网膜采集法：显微镜；单刃刀片；显微剪；平镊；培养皿；生理盐水。

　　（2）视网膜原形态保持术：塑料离心管；包埋剂 OCT；干冰。

四、操作方法

（一）完整视网膜采集法

以左眼为例介绍完整视网膜采集法（图4.2）。▶

1. 将小鼠深度麻醉。
↓

2. 右手拉紧小鼠左面颊皮肤，使左眼球突出眼眶外。→

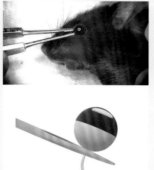

3. 左手用平镊夹住眼球后极，令眼球内压增高。→

4. 右手用单刃刀片猛然从正中将角膜划开半周。↓

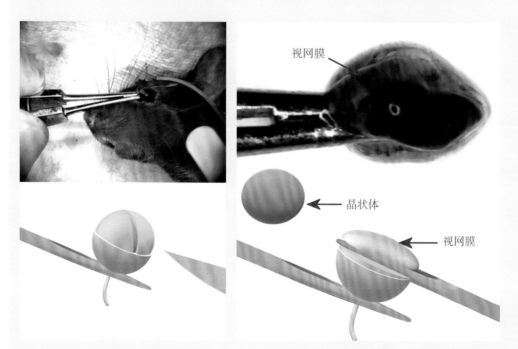

5. 房水突然流出，巨大的晶状体从切开的角膜裂隙中脱离出来，眼内压骤然下降，造成急性视网膜脱离。→

6. 持续夹紧眼球后的视神经索，拉断视神经和眼动脉，摘取被切开的眼球。↓

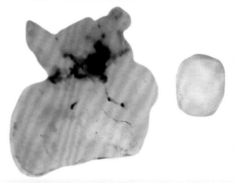

7. 立即处死小鼠。将眼球置于培养皿中，放在显微镜下观察，可见视网膜神经上皮层、血管膜、巩膜和外眼肌层次分明。图中左边是巩膜，右边是角膜，深色为血管膜和脉络膜。箭头示视网膜。→

8. 用显微剪沿视网膜边缘环形剪开，可获得完整的视网膜。图左边是视网膜，右边是晶状体。

图 4.2　完整视网膜采集法

（二）视网膜原形态保持术

如果需要做冰冻病理切片，可采用以下流程保持视网膜原形态（图 4.3）。

1. 准备管底为弧形的 1.5 mL 塑料离心管 1 个。

↓

2. 将少量包埋剂 OCT 涂于离心管外底部。

↓

3. 用离心管底轻压视网膜内面，粘起视网膜，使 OCT 均匀分布在视网膜和离心管底面之间。

↓

4. 将碎干冰加入离心管中，使 OCT 凝固，将视网膜固定在离心管底部。

↓

5. 在视网膜表面再涂 2 mm OCT，倒出干冰，将凝固的 OCT 块从离心管上取下来，迅速放入 OCT 模子里冷冻成预定的块状，备用。

图 4.3　视网膜原形态保持术

操作讨论

与人相比，小鼠晶状体巨大，几乎占据了大部分眼球内容。所以角膜切开的长度一定要足够大，基本贯穿全角膜，才能使晶状体瞬间脱出，视网膜彻底脱离。

第5章

球结膜采集

一、背景

根据实验目的，球结膜标本采集的面积有大小之分。小面积采集仅在局部剪下不足 1 mm² 即可，方便快捷；相对而言，大面积采集需要采用特殊的方法，使操作更顺利方便。本章分别介绍两种球结膜采集技术。

二、解剖基础

眼结膜（图 5.1，图 5.2）、从角膜缘到睑缘，分为覆盖巩膜的球结膜和覆盖眼睑内面的睑结膜两个部分（图 5.2）。这两个部分结膜的折叠部分形成结膜囊（图 5.2）。球结膜弹性大，与巩膜之间称为"球结膜下"，其间有筋膜填充。球结膜下筋膜可以填充大量液体而使球结膜充盈隆起。

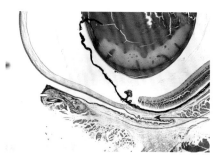

图 5.1　眼结膜，箭头示球结膜下间隙（宋柳江供图）

三、器械与耗材

显微弯剪；显微尖镊；31G 针头胰岛素注射器；生理盐水。

图 5.2　眼结膜，左箭头示睑结膜，右箭头示球结膜，折叠间隙为结膜囊（宋柳江供图）

四、操作方法

（一）小面积球结膜采集法

以右眼为例介绍小面积球结膜采集法（图 5.3）。▶

1. 用胰岛素注射器吸入 0.3 mL 生理盐水备用。
↓

2. 小鼠常规麻醉，取左侧卧位，右眼向上，点眼科麻醉药。
↓

3. 将眼周皮肤轻度后拉、绷紧，暴露外眦部球结膜。→

4. 注射针头由此处刺入球结膜下，平行角膜缘进针，距角膜缘小于 1 mm。→

5. 针孔完全没入球结膜下 1 mm 后，开始缓慢注射生理盐水，直至局部球结膜隆起区域大于 2 mm，拔针。↓

6. 拔针后生理盐水会继续向周围扩展，隆起区域会适度塌陷。→

7. 用镊子夹起隆起的球结膜，尽量拉高。→

8. 将剪子紧贴眼球，从镊子下剪开球结膜。↓

9. 用镊子提起剪开的球结膜，进一步剪开球结膜。→

10. 直至完全将其剪断。→

11. 将剪下的球结膜放到角膜上摊开检查。↓

12. 至此完成小面积球结膜采集操作，将小鼠安乐死。

图 5.3　小面积球结膜采集法

（二）大面积球结膜采集法

以右眼为例介绍大面积球结膜采集法（图 5.4）

1. 操作同"小面积球结膜采集法"步骤 1～4。
↓

2. 针孔完全没入球结膜下，开始缓慢注射。→

3. 随着球结膜的隆起，针头边注射，边前进，直至环角膜的球结膜全部隆起。→

4. 由于球结膜下聚集了大量生理盐水，拔针后，球结膜隆起度不会像小面积球结膜采集时那样出现明显下降。↓

5. 用剪子剪开进针点，并由此插入剪子下刃。→

6. 顺时针方向沿角膜缘 180° 剪开球结膜。→

7. 旋转剪子，继续由上向下，沿角膜缘剪开球结膜。↓

8. 直至进针处为止，至此，360° 环角膜缘将球结膜完整剪下。→

9. 在角膜缘剪开的起始点，夹起球结膜，沿放射方向纵深剪开至结膜囊顶端，然后环形剪开结膜囊。→

10. 直至剪下需要的长度。↓

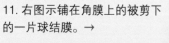

11. 右图示铺在角膜上的被剪下的一片球结膜。→

12. 术后将小鼠安乐死。

图 5.4　大面积球结膜采集法

操作讨论

（1）在进行球结膜采集，尤其是大面积采集时，先使其隆起便于操作。其中用到的球结膜下注射是很容易的。

（2）球结膜有很大的弹性，不容易给出精确的面积，一般以度数和从角膜缘到结膜囊顶端的比例来确定球结膜的相对面积。例如：

① 1/4 球结膜切除：沿角膜缘切开 90°，进深达结膜囊顶端。

② 1/2 球结膜切除：沿角膜缘切开 180°，进深达结膜囊顶端。

③ 全球结膜切除：沿角膜缘切开 360°，进深达结膜囊顶端。

第 6 章
听泡采集

一、背景

　　听泡是内耳的骨性外壳，很薄，采集时若方法不当很容易破碎。听泡采集是完整采集内耳的前期步骤，本章介绍两种听泡采集术：听泡颅内采集法和听泡颅外采集法，两种方法各有其特点。

二、解剖基础

　　小鼠听觉器官（图 6.1）由外耳、中耳和内耳组成。鼓膜里面是中耳，由 3 枚听小骨组成。透过鼓膜，可以看到听小骨。去除鼓膜，可更清晰观察听小骨（图 6.2）。

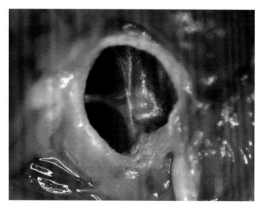
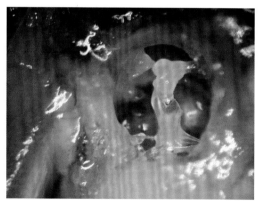

图 6.1　鼓膜　　　　　　　　　　　图 6.2　听小骨

　　内耳位于听泡内。听泡与其他颅骨连接并不紧密，容易被完整取下来。图 6.3 是取下来的听泡。打开听泡暴露耳蜗（图 6.4）。

图 6.3　听泡

图 6.4　耳蜗

三、器械与耗材

显微剪；直剪；尖镊；有齿镊。

四、操作方法

（一）听泡颅内采集法

以右听泡为例介绍听泡颅内采集法（图 6.5）。▶

1. 将小鼠处死 。
↓
2. 将背部皮肤横向剪开 1 cm。
↓

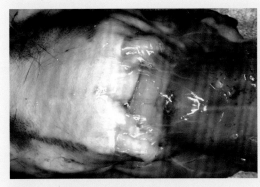

3. 向上撕开皮肤，暴露至耳根。→

4. 贴着颅骨剪断左、右耳根软骨环，继续向上翻卷皮肤，暴露至眼部。↓

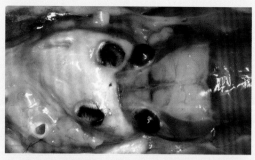

5. 贴着眼眶剪断左、右眼睑，继续向上翻卷皮肤，暴露全部颅骨。↓

6. 清除皮肤，在寰椎和枕骨之间剪下头颅。→

7. 用有齿镊夹住两侧眼眶。↓

8. 沿左侧顶骨外缘从枕骨大孔剪至额骨。→

9. 再沿右侧顶骨外缘剪至额骨。↓

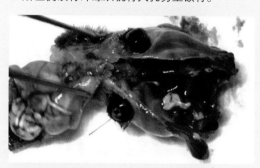

10. 将剪开的颅骨连同脑组织一起翻起，暴露颅底。→

11. 用直剪顶住右侧听泡。↓

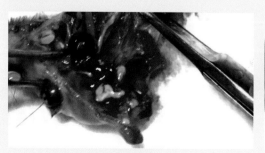

12. 将直剪向外翻，将听泡与颅骨分离。→

13. 直至听泡和颅骨脱离。↓

14. 将听泡完整采集下来。→

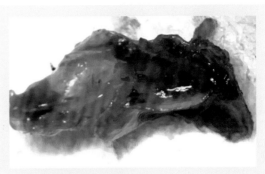

15. 将听泡清理干净。↓

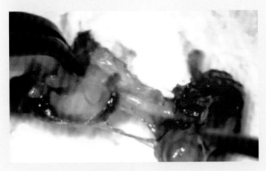

16. 打开听泡，暴露内耳。

图 6.5　听泡颅内采集法

（二）听泡颅外采集法

以左听泡为例介绍听泡颅外采集法（图 6.6）。▶

1. 操作同"听泡颅内采集法"步骤 1～6。
　↓

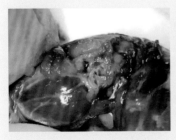

2. 用左手固定头颈鼻部和下颌。→

3. 将尖镊插入听泡后缘。→

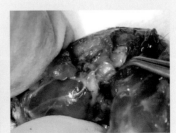

4. 从后面翘起听泡。↓

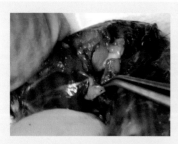

5. 分离听泡前面的软组织。→

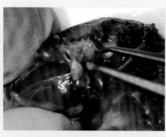

6. 再次用尖镊从听泡后缘深入分离听泡与颅骨。→

7. 从听泡下面将其托起，使其完全与周围颅骨分离。↓

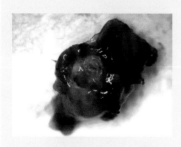

8. 如此分离出的听泡，没有其他颅骨残留。

图 6.6　听泡颅外采集法

操作讨论

（1）行颅内采集时：

① 在打开颅腔之前清理听泡表面肌肉要比取下听泡后再清理更安全、方便。

② 打开颅腔后要先清除脑组织，完全暴露颅腔内面，便于手术分离。

（2）行颅外采集时：

　要求使用锋利且质地坚硬的优质显微镊。

第 7 章

甲状腺和甲状旁腺采集

一、背景

内分泌模型常涉及甲状腺功能失调模型，可以利用甲状腺和甲状旁腺摘除术，通过摘除单侧或双侧的腺体来制作。除此之外，该方法还可用于甲状腺和甲状旁腺标本的采集。由于两个腺体摘除手术类似，因此，在本章中将二者合并介绍。

二、解剖基础

甲状腺位于甲状软骨两侧，紧贴气管。其表面覆盖数条肌肉。三条由内后向外前走行的肌肉，从浅到深为（图 7.1）：胸骨乳突肌，连接胸骨和听泡乳突；锁骨乳突肌，连接锁骨和听泡乳突；锁骨斜方肌，在最内侧。

与舌骨和甲状软骨关系密切的三条肌肉，从浅到深为：肩胛舌骨肌、胸骨舌骨肌和甲状舌骨肌（图 7.2，图 7.3）。

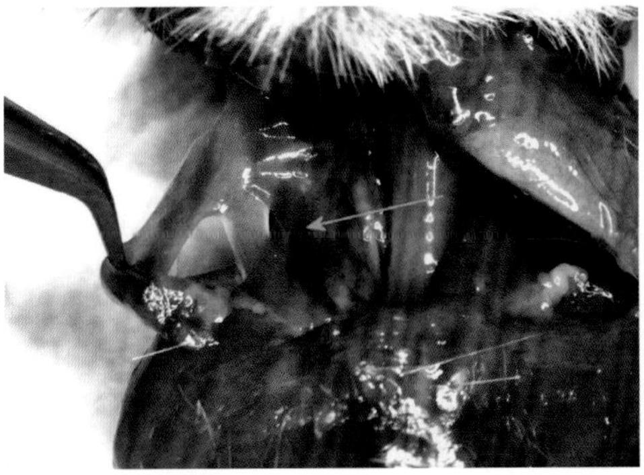

图 7.1　颈部肌肉（1）。镊子提起的是右胸骨乳突肌；中间是锁骨乳突肌；内侧的是锁骨斜方肌，如箭头所示

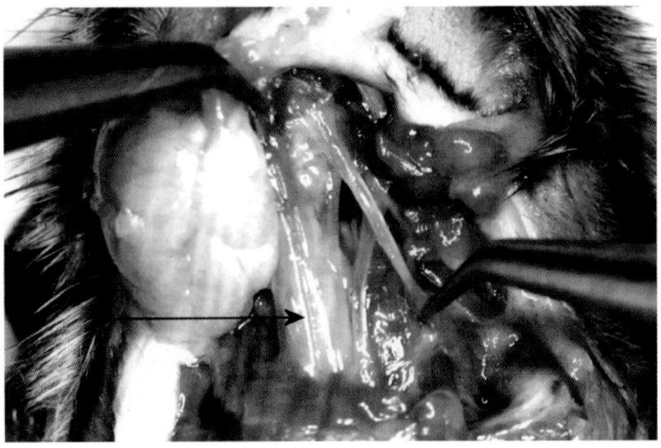

图 7.2　颈部肌肉（2）。右镊夹住的是左肩胛舌骨肌，箭头示胸骨舌骨肌

甲状旁腺位于甲状腺（图 7.3～图 7.5）表面、后上角部位。

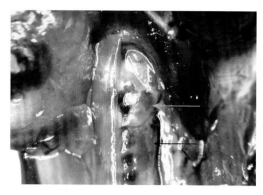 

图 7.3　颈部肌肉及甲状腺。左侧胸骨舌骨肌切除，显露甲状舌骨肌；右侧保留完好的胸骨舌骨肌，上方绿箭头示甲状舌骨肌，下方黑箭头示甲状腺

图 7.4　甲状腺，两个绿箭头示甲状腺血管从前、后两端进入腺体

三、器械与耗材

手术显微镜；打结镊；7-0 显微缝线（结扎线）；显微剪；拉钩；棉签。

四、操作方法

甲状腺和甲状旁腺采集法见图 7.6。▶

图 7.5　甲状腺侧面观，如绿圈内所示

1. 小鼠常规麻醉，颈前区备皮，仰卧安置于手术显微镜下。

↓

2. 取颈部手术体位，垫高后颈，外展双前肢，挂门齿。

↓

 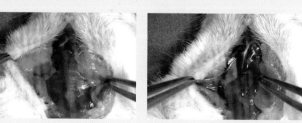

3. 沿颈中线划开皮肤，暴露颌下腺。颌下腺如箭头所示。→

4. 钝性分离左、右颌下腺。→

5. 将右颌下腺和舌下腺翻向右侧，暴露右胸骨舌骨肌。↓

6.将右胸骨舌骨肌向左牵引，气管左旋，分离右肩胛舌骨肌。→

7.用拉钩将右胸骨舌骨肌向左牵引，用打结镊提起右肩胛舌骨肌，暴露甲状腺。→

8.用打结镊夹起甲状腺。↓

9.摘除甲状腺。→

10.由于甲状腺上动脉和下动脉均被撕断，需用棉签压迫止血。→

11.图中左胸骨舌骨肌表面即为摘下的甲状腺和甲状旁腺。↓

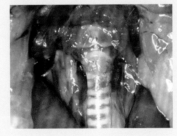

12.切除双侧胸骨舌骨肌，可见右侧甲状腺和甲状旁腺被摘除，左侧仍保留。

图 7.6　甲状腺和甲状旁腺采集法

操作讨论

（1）甲状旁腺紧贴甲状腺外前侧，个体很小，颜色与甲状腺相同，容易混淆（图 7.7，图 7.8），需在高倍视野下细心分辨。

（2）不要过早切除胸骨舌骨肌，以免难以旋转气管。

图 7.7　采集下来的甲状腺和甲状旁腺。左侧小的是甲状旁腺，右侧大的是甲状腺。透照隐见腺体内部血管

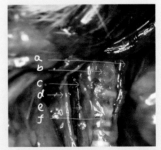

a.甲状舌骨肌；b.甲状软骨；c.甲状旁腺；d.颈总动脉；e.甲状腺；f.气管

图 7.8　甲状旁腺

第 8 章
大血管病理标本采集

一、背景

　　小鼠血管壁很薄，在制作石蜡病理标本时，即使是大血管，也经常出现塌陷，表现为截面呈椭圆形，甚至极度压扁状。其原因在于，血管采集离体后，外周无肌肉等组织牵连，内无充足的血液支撑，血管必然塌陷。在制作石蜡病理切片过程中，脱水使血浆被吸出血管，进一步加剧血管塌陷。这对测量血管截面积的影响尤其严重。

　　本章以颈总动脉为例，介绍用于制作石蜡切片的大血管生理形态病理标本采集法。

二、解剖基础

　　小鼠大动脉由外向内为外膜、肌层、基底层、内皮细胞层。血管肌层弹力膜可达 4～5 层。正常生理状态下，动脉截面基本呈圆形（图 8.1）。失去足够的血管内压力支撑和外部牵拉，管壁会随着内压的下降而塌陷，脱水后尤甚（图 8.2）。

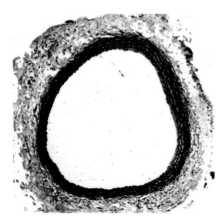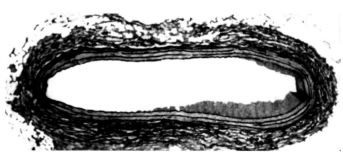

图 8.1　正常的大动脉截面，血管壁中的黑色线条示血管弹力膜，Verhoeff 染色　　图 8.2　塌陷的大动脉截面，Verhoeff 染色

三、器械与耗材

电烧烙器；手术显微镜；血管钳；显微血管夹；打结镊；显微镊；25 G 钝针头；10% 福尔马林；8-0 显微缝线（结扎线）。

四、操作方法

以右颈总动脉活体采集为例介绍大血管生理形态病理标本采集法（图 8.3）。

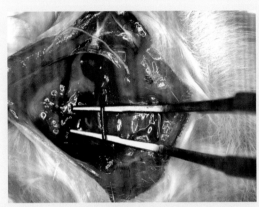

1. 小鼠深度麻醉，暴露颈总动脉 15。→

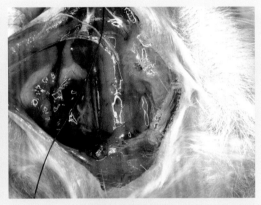

2. 将一条结扎线置于右颈总动脉中部。↓

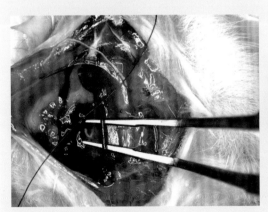

3. 将打结镊从动脉中部下方穿过。→

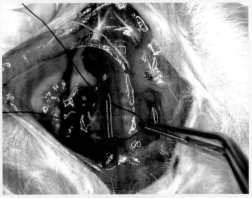

4. 夹住结扎线的中央，拉过动脉。↓

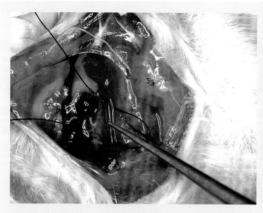 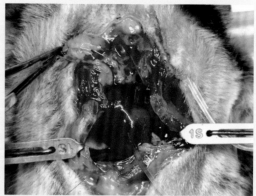

5. 从中间剪断结扎线。→   → 6. 升主动脉插管 64 。↓

7. 注入 10% 福尔马林 1 mL，此时可见小鼠心跳停止。↓

8. 用血管钳夹闭胸主动脉。↓

9. 用 25 G 针头刺穿右心耳。↓

10. 再通过插管注入 10% 福尔马林 1 mL，可见无色福尔马林溶液自右心耳流出。↓

11. 用显微血管夹夹闭右心耳。↓

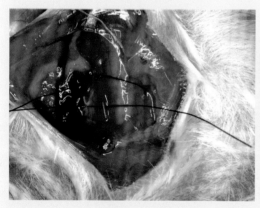

12. 结扎左颈总动脉远端。↓

13. 灌注福尔马林少许，令颈总动脉充盈。→

14. 马上结扎暴露的左颈总动脉两端（动脉的远端和近端）。↓

15. 将颈总动脉提起，电烧两端结扎线的外侧。即近端结扎线的近端和远端结扎线的远端。↓

16. 分别剪断两处电烧区血管。→

17. 图为连同两条结扎线一起剪下的左颈总动脉，可见血管标本充盈。↓

18. 置动脉样本于 10% 福尔马林溶液中（溶液不少于 2 mL，完全浸没样本）。↓

19. 6 小时后将样本两端连同结扎线一起剪除。↓

20. 继续在 10% 福尔马林中固定 6 小时。↓

21. 常规脱水包埋。如此样本可望保留存活时的动脉充盈形态。

图 8.3　大血管生理形态病理标本采集法

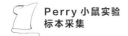
操作讨论

（1）如果血管固定后，进入脱水程序时没有将血管结扎部位剪除，会导致管腔内的水分沿渗透梯度透出血管，血管会极度变扁（图8.4）。

图 8.4　变扁的血管，Verhoeff 染色

（2）当血管内有血栓支持时，血管在经过常规石蜡包埋过程处理后，还可以保持原来状态（图 8.5）。

（3）灌注结扎时，要先结扎颈总动脉远端，后结扎近端，以避免血管内压明显下降。

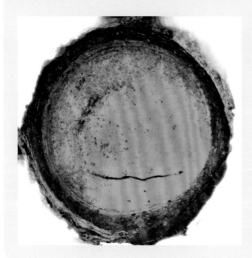

图 8.5　有血栓支持的血管截面，Verhoeff 染色

胸、腹、四肢器官采集

第二篇

第 9 章
胸腺采集

一、背景

与人类相比，小鼠胸腺相对发达。若仅单纯地采集胸腺标本，可以直接开胸；若非终末实验需要摘除胸腺，在保证小鼠术后存活的前提下，应尽量减少手术损伤。开胸技术上要求比较低，随着非开胸技术的发展，开胸摘除胸腺手术逐渐被淘汰。

非开胸摘除胸腺常用镊子将胸腺从胸骨上窝夹出。由于胸腺非常脆弱，易被镊子夹碎而导致摘除不完整，为此，本章专门介绍用组织胶水粘取胸腺的方法，更安全可靠。

二、解剖基础

小鼠胸腺（图 9.1）位于胸腔内、胸骨后方，呈扁平状，分左、右两叶。右叶略小于左叶，其内缘覆盖在左叶内缘之上，呈长椭圆形。左叶形状不甚规则，头端多有分叉。

各小鼠的胸腺体积差异较大（图 9.2），一般成鼠胸腺从 0.02 g 到 0.1 g 不等。

胸腺覆盖在心脏前部和主动脉弓腹面，其外侧缘与胸膜相邻，连接不紧密（图 9.3）。

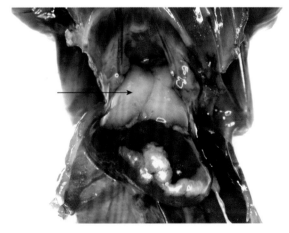

图 9.1　胸腺。箭头示胸腺右叶

胸腺包膜下有一层固有膜。这层固有膜部分深入腺体内，形成胸腺表面的凹陷纹。胸腺实质浅层为皮质层，深部为髓质

 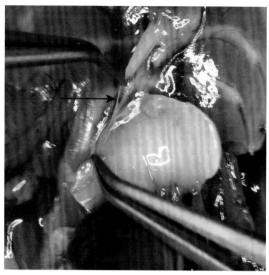

图 9.2　同周龄、同种、同性别的两只小鼠的　图 9.3　两把镊子拉起靠近胸腺右叶的胸膜壁层，
胸腺体积差异　　　　　　　　　　　　　　如箭头所示

层（图 9.4）。胸腺主要由淋巴细胞构成，其间有上皮网织细胞，内部有小血管穿行。

胸腺血管很小，从腺体外侧进入。在胸腺摘除过程中，撕断血管一般不会发生明显出血。

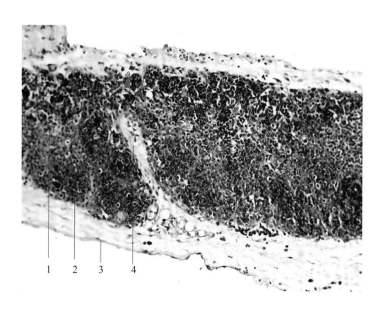

1. 髓质；2. 皮质；3. 包膜；4. 腺体内固有膜

图 9.4　胸腺组织切片

三、器械与耗材

手术显微镜；显微弯尖镊；单齿拉钩（图 9.5）；组织胶水；25 G 钝针头。

图 9.5　单齿拉钩

四、操作方法

胸腺采集法见图 9.6。▶

1. 小鼠常规麻醉，颈部和前胸备皮。
↓

2. 仰卧安置于手术显微镜下。后颈垫高 5 mm。
↓

3. 双前肢用弹力带固定。
↓

4. 上门齿固定。→

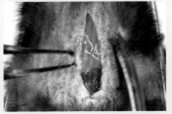

5. 自胸骨上窝后 5 mm 沿身体正中纵轴向前将皮肤剪开 1 cm。→

6. 分离颌下腺后缘，将其向前推，暴露胸骨乳突肌和胸骨舌骨肌。↓

7. 向外侧钝分离左、右胸骨舌骨肌。在其后缘安置拉钩，充分暴露胸骨上窝和气管。注意看清颈内静脉位置，拉钩勿伤及静脉。→

8. 用右镊将切口后缘轻向后拉，暴露少许胸腺前缘。用左镊将其夹住轻轻向前牵引。→

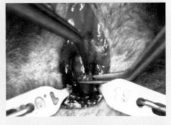

9. 用右镊夹住下方的胸腺，协助左镊一起向前提拉胸腺少许。↓

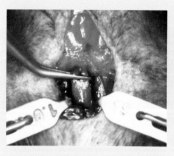

10. 将左镊换至右镊下方夹住胸腺，撤出右镊。→

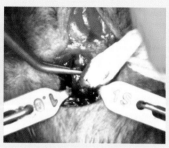

11. 用面巾纸捻吸干胸腺表面的残血和体液。→

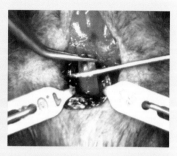

12. 用针头粘胶水，在镊子下方横向粘住胸腺。↓

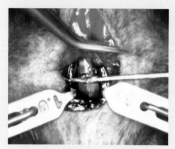

13. 将针头向前旋转，使更多的胸腺表面粘上胶水。操作者右面观为逆时针旋转。→

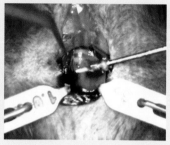

14. 随着针头卷起胸腺，用镊子清理胸腺两侧与之相连的结缔组织。→

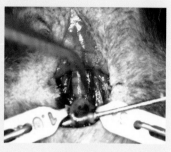

15. 用镊子不断清理胸腺与气管之间的结缔组织。↓

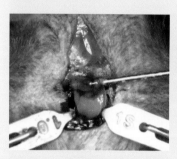

16. 将针头边翻卷，边向外提胸腺，直至暴露胸腺下缘。→

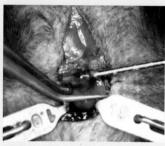

17. 用左镊夹住胸腺下部。→

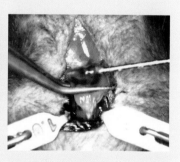

18. 用镊子协助针头一起上拉胸腺。↓

19. 匀速将胸腺全部拉出胸腔。→

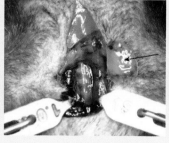

20. 图中箭头示被拉出的胸腺。→

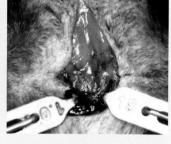

21. 将下颌腺及其周围的结缔组织复位，覆盖气管。↓

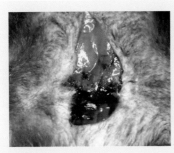 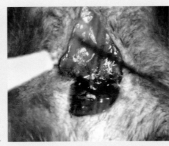 

22. 撤除拉钩。→

23. 在皮肤切口边缘涂抹胶水。
→

24. 用双镊挤压皮肤切口，使胶水封闭切口。↓

25. 待小鼠苏醒后返笼。

图 9.6 胸腺采集法

操作讨论

（1）此手术最易发生的失误是出现气胸。胸腺拉出的最后一步，最容易撕破胸膜而发生气胸。每次交换镊子时都是清理胸腺粘连的机会。镊子紧贴胸腺夹持，避免周围组织被夹住一起被牵拉。

（2）此手术容易发生的第二个失误是大出血。首先，大出血发生在安装拉钩时，拉钩易损伤颈内静脉。因此，必须看清静脉位置后方可安置拉钩。

其次，一个更凶猛的出血机会是前腔静脉破裂大出血。这是致命的出血，多由于最后牵拉时，镊子没有清理干净胸腺周边组织，拉伤静脉。

（3）如果不用组织胶水，单纯用两把镊子交替牵拉胸腺，也可以完成胸腺的活体摘除，但是不如用组织胶水安全，因为胸腺包膜非常薄，很容易被镊子夹破。即使包膜不破，脆弱的腺体常因反复夹持而破碎。

（4）使用组织胶水时注意不要粘上胸腺周围的其他组织。

第 10 章
脑、脊髓采集

一、背景

在与脊髓相关的小鼠实验中，对脊髓标本要求的不同决定了采集方法的不同，常见采集方法有三种：

（1）若需要完整脊髓并附带脊神经根，用破骨法。采集过程中，要细心剪开整条脊柱，避免手术损伤脊髓和神经根。

（2）若仅需要完整脊髓，无须顾及神经根，则用冲洗脊髓采集法。此方法快速且损伤小。

（3）若需要将脑和脊髓一起完整采集下来，基本方法是完整脑采集 + 完整脊髓采集。

本章介绍两种脊髓采集法和一种脑–脊髓联合采集法。

二、解剖基础

脊髓表面有软脊膜包裹，其外有蛛网膜和硬脊膜。脊髓主体上端在枕骨大孔处与延髓相连（图 10.1，图 10.2），终于腰椎；在腰部形成尖锐末端，其后形成马尾神经纤维束。每一节脊椎都有神经根自左、右发出。颅骨和脊椎结构见图 10.3 和图 10.4。

单纯采集脊髓，可以于枕骨大孔–寰椎之间剪断；如果需要采集延髓甚至整个脑部的标本，则需要连同脑和脊髓一起采集下来。

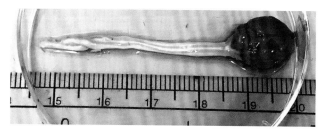

图 10.1　完整脑、脊髓标本

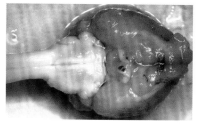

图 10.2　延髓和脑桥腹面观

图 10.3 颅骨，箭头示枕骨

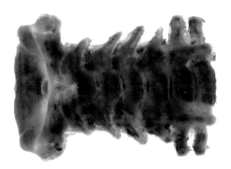

图 10.4 颈椎，最左面为寰椎

三、器械与耗材

直剪；有齿镊；环镊；药勺；19 G 针头；3 mL 注射器；直径 10 cm 培养皿；生理盐水。

四、操作方法

（一）原位脊髓采集法（图 10.5）

1. 将小鼠用二氧化碳安乐死。
↓

2. 将腰部皮肤横向剪开 1 cm。
↓

3. 轻巧剥皮，前至头部，后抵尾根部。注意不可损伤脊椎。
↓

4. 于腰骶关节间剪断脊椎，于寰椎 – 枕骨大孔间剪断延髓。→

5. 将小鼠头低位。→

6. 取 19 G 针头，将 3 mL 注射器充满生理盐水。于腰椎断端，将针头向近端旋转插入脊髓腔，针孔完全进入 2 mm。↓

7. 快速注射，将脊髓自寰椎处冲出来。

图 10.5 原位脊髓采集法

（二）分解脊髓采集法（图 10.6）

1. 将小鼠用二氧化碳安乐死。
　↓

2. 将脊柱剪下，前至寰椎 – 枕骨大孔间，后抵腰骶关节。▶
　↓

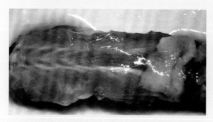

3. 在寰椎脊髓腔口 9 点、3 点、6 点和 12 点处，纵深剪开 0.5 mm。→

4. 用环镊夹住腰端。→

5. 取 19 G 针头，将 3 mL 注射器充满生理盐水。于腰椎断端，将针头向近端旋转插入脊髓腔，针孔完全插入脊髓腔内 2 mm。↓

6. 快速注射，将脊髓完整冲出脊髓腔。↓

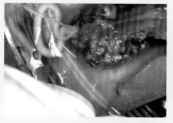

7. 图示脊髓开始被冲出脊髓腔的瞬间。→

8. 脊髓大部分被冲出脊髓腔，随后可见水柱冲出。→

9. 脊髓完全被冲出脊髓腔。↓

10. 图示放在背部的取出的脊髓，可见完整的脊髓形态。

操作讨论

操作时注意保护脊椎。一旦脊椎损伤，将无法被完整冲出。因此，绝不可用断颈法处死小鼠，因为这样做必然伤及腰椎，使得冲洗时冲洗液从腰椎脊髓腔破损部位溢出，不能形成有效冲击力。

图 10.6　分解脊髓采集法

（三）脑 – 脊髓联合采集法

本方法可完整采集大脑、小脑、脑桥、延髓和脊髓（图 10.7）。

1. 将小鼠用二氧化碳安乐死。
↓

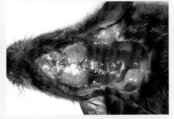

2. 于俯卧位剪除头顶皮肤，暴露颅骨 ❷。→

3. 去除颈部皮肤，暴露背侧颈部肌肉。→

4. 垫起小鼠身体，令头前屈，与身体呈 90°。↓

5. 清除后颈部肌肉，暴露寰椎和枢椎。→

6. 沿枢椎右侧从后向前纵向剪断枢椎。→

7. 再从左侧剪断枢椎。↓

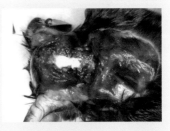

8. 用有齿镊夹起枢椎后缘，剪断背面寰枢关节间的软组织，切除背面枢椎，暴露脊髓。→

9. 用同样方法剪开寰椎，向前掀起背侧寰椎。→

10. 剪除掀起的寰椎，从背面完全暴露脊髓前端。↓

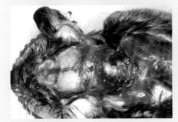

11. 撤除垫子，小鼠由头前屈 90° 改成 45°。→

12. 在枕骨大孔向上沿颅矢状线剪开枕骨。注意，剪尖紧贴颅骨内面，勿伤及脑组织。→

13. 将剪子继续前行，剪开顶间骨和少许顶骨。↓

14. 将小鼠头部垫起，令头从前屈45° 变为水平。将剪子闭口，旋转90°，呈水平位置。剪尖露出颅骨少许，剪刃卡在颅骨中。→

15. 将剪子缓慢向前推进，利用剪子的三角面，撑开矢状缝。→

16. 剪子到达顶骨前端，张开剪刃，从中央分开顶骨、顶间骨和枕骨，然后向下压。↓

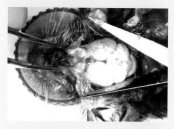

17. 图中显示剪子下压后暴露的脑组织。→

18. 用剪子沿矢状线纵向剪开额骨。→

19. 同法用剪子水平撑开额骨，继而张开剪刃，分开、下压额骨。↓

20. 此时完整暴露脑组织。→

21. 用药勺分开嗅球与嗅神经，从前向后轻轻剥离。→

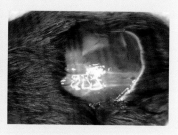

22. 切除腰背部皮肤。↓

23. 用有齿镊夹住腰椎，用剪子剪开腰骶关节。→

24. 完全剪断腰骶关节，暴露脊髓腔断面。→

25. 将腰骶关节垫高 1 cm，使腰椎和骶椎分别向下倾斜，暴露脊髓腔断面。图为侧面照。↓

26. 用 19 G 针头向腰椎方向刺入脊髓腔，针孔进入腔内 2 mm。→

27. 图中显示针头插入腰椎。→

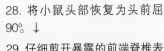

28. 将小鼠头部恢复为头前屈 90°。↓

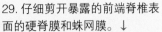

29. 仔细剪开暴露的前端脊椎表面的硬脊膜和蛛网膜。↓

30. 迅速推注生理盐水，可见完整脊髓从开放的枢椎、寰椎硬脊膜处冲出。图为脊髓被冲出的瞬间。→

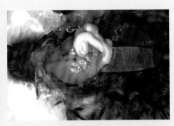

31. 仔细将脊髓翻起，置于脑组织表面保存。用药勺从颅底插入。→

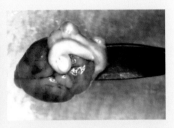

32. 将药勺完全插入颅底，端出脑组织。↓

33. 右图显示完整采集的脑脊髓。

图 10.7 脑 – 脊髓联合采集法

操作讨论

（1）脊髓非常软，极易受到损伤，在与脑连接处更是如此。因此操作程序很重要。要先暴露脑，以避免先冲出脊髓后，脑组织受到损伤。而只有在脊髓完全被冲出后，才能从颅底端出脑组织。所以脊髓采集时间安排在脑暴露和采集之间。

（2）多次调节小鼠头位，是为了更好地暴露脊髓，方便操作。

第 11 章
心脏采集

一、背景

心脏采集多为了两个目的：心脏移植和病理标本制作。供体心脏采集要求保持心脏在异体能成活；病理标本制作则需要心脏形态尽量接近生理状态，例如，较大的冠状动脉血管避免塌陷。鉴于心脏采集的目的不同，方法各异，本章分别介绍满足这两个目的的采集方法。

二、解剖基础

小鼠心脏（图 11.1）有四个腔：左、右心室和左、右心房。其中，左心室血液的出口是升主动脉（图 11.2），右心室血液的出口是肺动脉。左心房血液来自肺静脉，右心房血液来自冠状静脉窦，而冠状静脉窦血液则来自左、右前腔静脉和后腔静脉（图 11.3，图

图 11.1　心脏

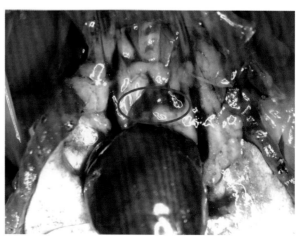

图 11.2　升主动脉，如蓝圈所示

11.4）。冠状动脉呈树枝状分布（图 11.5），其血液来自升主动脉根部。

由于没有胸腺遮蔽，从背面观察主动脉（图 11.6）、冠状静脉窦和腔静脉（图 11.7）更清楚些。

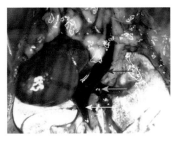

图 11.3　右前腔静脉（蓝箭头）、右肺静脉（绿箭头）和后腔静脉（白箭头）

图 11.4　左前腔静脉（蓝箭头）、左肺静脉（绿箭头）和后腔静脉（白箭头）

图 11.5　冠状动脉呈树枝状分布

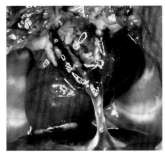

图 11.6　主动脉，如蓝圈所示

图 11.7　冠状静脉窦和腔静脉

病理标本（图 11.8）显示，左心肌肉比右心肌肉厚。在新鲜标本中，如果右心室没有内支持，会发生明显塌陷（图 11.9）。

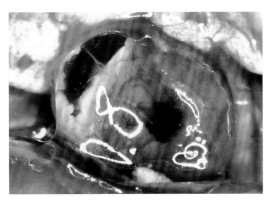
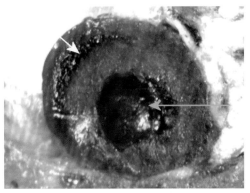

图 11.8　心肌病理标本

图 11.9　新鲜心脏标本。白箭头示塌陷的右心室，绿箭头示左心室

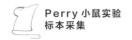

三、器械与耗材

（1）供体心脏采集：常规显微手术器械和显微镜；显微剪；血管钳；显微尖镊；血管扩张镊；10 cm 浅沿细胞培养皿；注射器三通接口；微量注射器；20 mL 注射器；30 G 钝针头；注射器泵；插管［聚乙烯管（PE40 管）+ 硅胶管］；组织胶水；8-0 缝线（结扎线）；冰盒；500 U / mL 肝素生理盐水；生理盐水（置于冰盒上待用）。

（2）病理标本心脏采集：22 G 针头 +3 mL 注射器，灌满固定液待用；微量注射器；组织固定液（如福尔马林或多聚甲醛等）；500 U / mL 肝素生理盐水；6-0 丝线（结扎线）。

四、操作方法

（一）供体心脏采集

供体心脏要求保存活力，能够在受体内存活，因此，供体心脏必须满足以下条件：

（1）新鲜：最好是两名操作者同时进行移植手术，一人负责受体，一人负责供体。如果是单人操作，需先完成受体小鼠的移植前准备，然后开始供体小鼠手术，采集到供体心脏后，马上进行移植。注意要保持供体心脏局部低温操作。

（2）无损伤：心脏和主动脉、肺动脉不可损伤。

（3）确保吻合时血管内无残血和气泡。

（4）有足够长度的吻合口：为方便缝合，供体的血管长度不可短于 2 mm，长一些更好。

（5）心脏的腔静脉和肺静脉用一根缝线结扎即可，只留主动脉和肺动脉。与受体血管吻合后，动脉血将从受体的腹主动脉进入供体的主动脉，经过冠状动脉 – 冠状动脉分支 – 微循环 – 冠状静脉分支 – 冠状静脉，进入肺动脉，通过吻合口进入受体的后腔静脉。供体的心室和心房不参与血液循环。

供体心脏采集法见图 11.10。

1. 小鼠行常规皮下注射深麻醉。
↓
2. 胸腹部备皮，常规消毒。
↓
3. 取仰卧位固定于 10 cm 浅沿细胞培养皿中。
↓

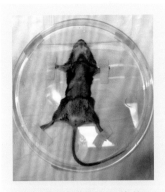

4. 四肢以胶带固定于培养皿中，前门齿挂线。→

5. 开腹，做后腔静脉插管 ⑰、㊷。

↓

6. 用连有三通接口的注射器向后腔静脉匀速注入肝素生理盐水 0.1 mL。

↓

7. 用剪子剪开横膈。

↓

8. 于锁骨中线部位，双侧纵向剪开肋骨至锁骨（避免伤及左、右胸廓内动静脉，该动静脉距中线约 1 mm）。→

9. 用血管钳夹持剑突向上翻起胸骨，暴露心脏。↓

10. 间断喷洒冷生理盐水，保持心脏低温。

↓

11. 切除胸腺，暴露主动脉弓。

↓

12. 清理心包膜。

↓

13. 用剪子 180° 剪开主动脉弓。

↓

14. 转换注射器三通接口的阀门，灌注冷生理盐水 1 mL（5 mL /min），可见生理盐水从主动脉弓切口流出，颜色由红色转为无色。

↓

15. 夹闭升主动脉 3 次，每次 3 秒，间隔 10 秒，可见冠状动脉颜色迅速由红色转为透明。

↓

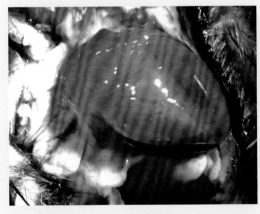
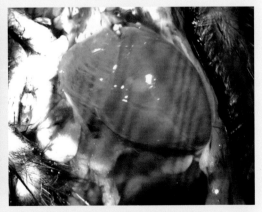

16. 继续灌注完 20 mL 冷生理盐水，可见肺全白，心耳透明，心肌浅灰色，冠状血管透明。两图对比（左图为灌注前，右图为灌注后），可见灌注前后心肌、血管的颜色变化。↓

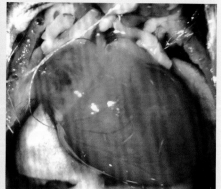

17. 将尖镊由左侧穿过肺动脉下方,从升主动脉下方穿出。→

18. 将结扎线的线头由右至左抽出。↓

19. 将左侧结扎线绕至心脏下面,在右心耳旁边打结。
↓

20. 注意勿结扎心耳。
↓

21. 留长线头,在游离心脏时起牵引作用。
↓

22. 下一步结扎右肺动脉。
↓

23. 清理所有覆盖在肺动脉与主动脉表面的脂肪,暴露左肺动脉。
↓

24. 肺动脉分离:右手持尖镊从左侧由肺动脉下方插入,由升主动脉前穿出,扩张镊子,可以清楚识别走向深处的右肺动脉分支。图中箭头示右肺动脉。→

25. 左手持尖镊从主动脉左侧下方向左进入,由左、右肺动脉分叉处穿出,带回结扎线,结扎右肺动脉。↓

26. 在将要被剪断的血管部位仔细清理血管外膜,以避免剪断后不方便清理。↓

28. 牵引结扎心脏血管的长线头，逐支剪断血管。
↓
29. 将心脏置于盛有低温盐水的培养皿中。
↓
30. 剪断长结扎线头。
↓
31. 用左尖镊夹持血管外膜，令断端抬起，口张开。
↓
32. 用注射器连钝针头以冷生理盐水向内冲洗，勿使余血残留。→

27. 于结扎线远端剪断右肺动脉，在距心脏 3 mm 处剪断左肺动脉；于无名动脉分支前剪断主动脉。切口均需整齐。→

33. 再次清理血管断端 1 mm 宽的血管外膜。↓

34. 使用血管扩张镊将断端扩张至 1.5 倍，维持数秒。反复两次。
↓
35. 扩张后明显可见血管断端松弛。
↓
36. 将心脏移至新培养皿，完全浸没于低温生理盐水中，轻压，排出心内可能存在的残血。注意，不可于空气中挤压心脏，以免空气进入。
↓
37. 将心脏移至新的盛有低温生理盐水的培养皿中，保持低温备用。

图 11.10　供体心脏采集法

操作讨论

（1）清理主动脉和肺动脉表面脂肪：此处脂肪易碎，若用两把镊子撕脱，容易造成脂肪碎裂，不容易清理干净。若用镊子牵引脂肪表面的浆膜，暴露脂肪周围的结缔组织，以显微剪剪断结缔组织，再逐步整块剪下脂肪块，既干净又快速。

（2）供体心脏和血管内不可含有任何气泡。一旦气泡进入心脏，很难排出（图 11.11）。

（3）心脏上翘时，肺动脉暴露不明显。用冰袋下压

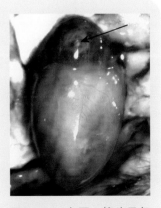

图 11.11　心耳。箭头示气泡进入心耳

心尖，可暴露更多肺动脉。

（4）主动脉剪得过短（图 11.12），将很难与受体腹主动脉行血管吻合术。因此至少要保留 0.5 mm 长的主动脉（图 11.13）。

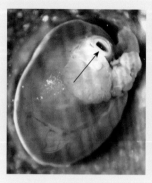 

图 11.12　剪得过短的主动　　　图 11.13　保留了一定长度的
脉，如箭头所示　　　　　　　主动脉，如箭头所示

（二）心脏病理标本采集

心脏病理标本多用于心肌厚度和冠状动脉阻塞等观测，因此，需要标本形态尽量接近生理状态。故以固定液将心脏以及冠状动脉灌注充盈，使血管和心室内压保持在正常状态下进行采集。其采集法见图 11.14。

1. 从小鼠尾静脉注射肝素生理盐水 0.1 mL。
↓
2. 小鼠用二氧化碳安乐死。
↓
3. 剥皮后取仰卧位固定于手术台 。
↓

 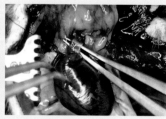 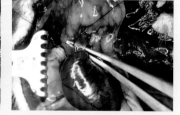

4. 开胸暴露心脏和主动脉弓。→　　5. 将尖镊从升主动脉下方穿　　6. 拉过结扎线做预置结扎。↓
过。→

7. 第一条预置结扎线完成。→

8. 用左尖镊将心脏向上翻起。→

9. 将右尖镊放在心脏下。↓

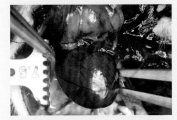

10. 心脏归位。这时右尖镊处在心脏下面，用左尖镊将心脏预置结扎线传递给右尖镊。→

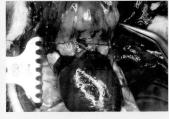

11. 用右尖镊从心脏下方拉过结扎线。→

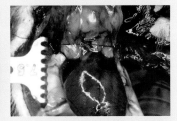

12. 打活结完成心脏血管结扎预置。准备用第二条线结扎主动脉弓、肺动脉和腔静脉。↓

13. 剪开降主动脉。→

14. 开腹，暴露后腔静脉。
↓

15. 于两肾间的后腔静脉顺向匀速注射固定液。
↓

16. 观察降主动脉切口流出的固定液，当其变为完全无血色时，立即用第一条结扎线结扎主动脉弓，封闭降主动脉切口。
↓

17. 继续注射固定液，主动脉饱满如生理状态，立即用第二条结扎线结扎主动脉弓、肺动脉和腔静脉。停止注射。
↓

18. 在结扎线远端剪断所有血管和结缔组织，摘取心脏。
↓

19. 将心脏连同结扎线一起放到固定液中浸泡过夜。
↓

20. 第二天剪除结扎线。开始常规的病理脱水包埋程序。

图 11.14　心脏病理标本采集法

操作讨论

开始脱水前，务必剪掉结扎线，保证各血管断口开放，心脏内外等渗脱水。

第 12 章
肺采集及处理

一、背景

　　用于石蜡切片的肺标本有两个要求：肺叶完整和适宜做病理切片。常规方法处理的肺存有空气，在制作石蜡病理切片时可导致包埋失败，因此，必须将其中的气体彻底用液体置换出来，即将新鲜的肺标本在进行固定和脱水浸蜡之前先充分排气。传统排气使用抽真空设备，操作烦琐且耗时。本章除了介绍肺采集方法以外，还介绍一种较传统方法更简单有效的肺排气法。

二、解剖基础

　　小鼠呼吸道经气管、支气管与肺相连，肺包含 1 叶左肺、4 叶右肺。肺内主要是肺泡组织。详见图 12.1～图 12.3。

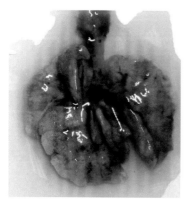

图 12.1　肺

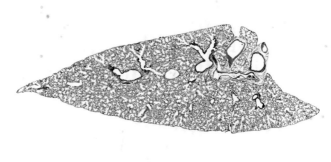

图 12.2　肺部组织，切片，H-E 染色

三、器械与耗材

皮肤剪；皮肤镊；10 mL 注射器；注射器三通接口；生理盐水。

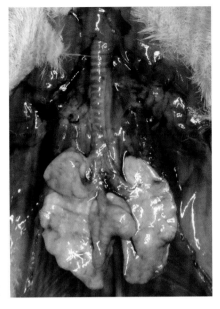

图 12.3　呼吸道

四、操作方法

小鼠肺采集及处理流程见图 12.4。

1. 小鼠处死后开胸，去除前胸廓。→

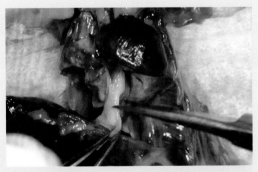

2. 剪断后纵隔。↓

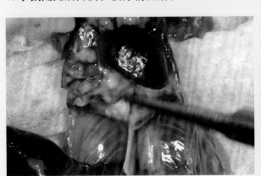

3. 完全剪断残余连接。→

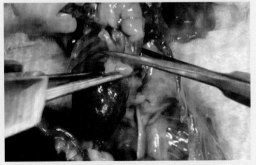

4. 用镊子夹住前纵隔向后牵引，并将其剪断。↓

 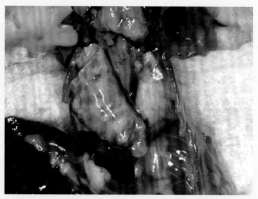

5. 剪断前纵隔后，继续向后牵引，剪断背侧纵隔，直至完全剪断纵隔，使肺和心脏游离出来。→

6. 图为采集到的完整肺。↓

7. 将 10 mL 注射器的针芯抽出，头部连接三通接口并将其关闭。↓

8. 注射器头部向下，将肺置于注射器中。↓

9. 向注射器中注入生理盐水 5 mL。↓

10. 插入针芯，推进少许。↓

11. 将注射器头向上，并开放三通阀。↓

12. 推进针芯至 5 mL 处，完全排出空气。↓

  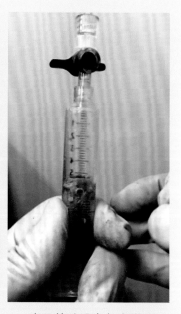

13. 关闭三通阀。肺漂浮在注射器顶部。▶→

14. 向外抽针芯 5 mL，维持 10 秒，可见有生理盐水处的针筒内壁有大量气泡附着。↓

15. 指弹注射器，使气泡脱离管壁，汇入上方的稀薄空气中。→

16. 直至管壁没有气泡附着。↓

17. 放松针芯，使针芯自动向上恢复到初始位置。此时可见肺部分下沉。→

18. 重复抽吸 – 弹脱气泡 – 针芯复位过程。→

19. 第二次针芯自动复位后，一般立即可见肺缓缓下沉到底，如图中所示。↓

20. 如果肺不能下沉到底，再次重复以上步骤，直至肺完全沉底。↓

21. 拔出针芯，取出充满生理盐水的肺，把肺浸入固定液，继而行常规脱水浸蜡包埋。

图 12.4 小鼠肺采集及处理流程

操作讨论

（1）预置盐水不可太多，以免抽取时负压不足。

（2）预置盐水不可过少，必须能使肺完全浸泡。

第13章
肝采集

一、背景

　　肝标本采集分为两类：一类是肝部分或特定部位采集；另一类是肝完整采集。肝在采集时易损伤的原因在于：肝脆弱，易破损出血；肝的尾状叶与食道和胃脏系膜勾连，不容易解脱；肝门与腹主动脉和后腔静脉有紧密连接，很容易在肝切除时被损伤。本章介绍一种快速无损伤采集完整肝的方法。

二、解剖基础

　　小鼠肝（图13.1，图13.2）相对庞大，前顶横膈，后临胰腺、胃肠、肾等。肝分为多叶，分叶方法有多种，以5叶法最为流行，分为左叶、中叶、右前叶、右后叶、尾状叶。

图 13.1　向前翻起的肝

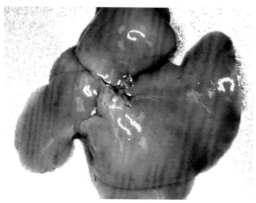

图 13.2　采集的离体肝

肝门处有肝动静脉、门静脉、肝总管。肝前、后有多种系膜（图 13.3～图 13.6）与其他器官相连：在前面有镰状系膜与横膈相连；在后面有肝 – 胰系膜与胰腺相连；肝和胃脏之间有肝 – 胃系膜相连；肝与脾之间有肝 – 脾系膜相连。

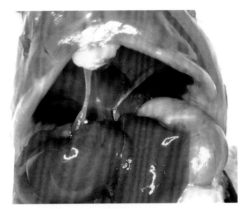

图 13.3　镰状系膜与横膈相连

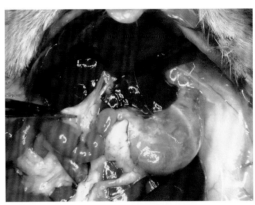

图 13.4　肝 – 胰系膜与胰腺相连

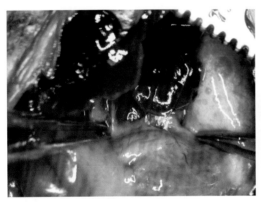

图 13.5　肝和胃脏之间的肝 – 胃系膜

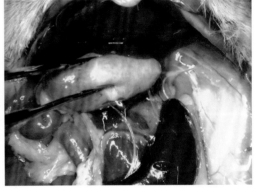

图 13.6　肝与脾之间的肝 – 脾系膜

三、器械与耗材

平镊；有齿镊；直剪。

四、操作方法

完整肝快速采集法见图 13.7。

1. 小鼠二氧化碳安乐死。
↓

2. 将躯干剥皮 21。取仰卧位。→

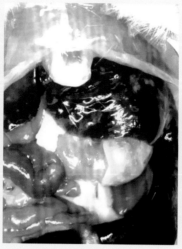

3. 充分暴露腹腔脏器 17。→

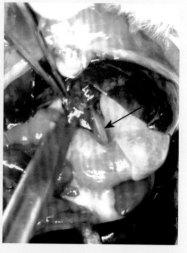

4. 将肝向上翻起,找到食管。箭头示食管。↓

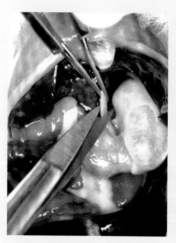

5. 用平镊夹住食管剪断。→

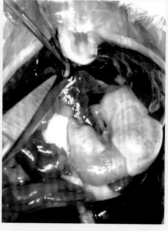

6. 找到其右侧的门静脉,用有齿镊夹住,剪断门静脉。→

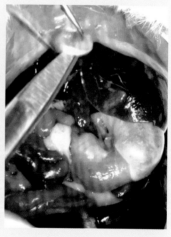

7. 放平肝,用有齿镊夹住剑突,向前上翻。↓

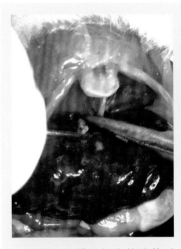 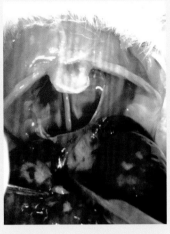 

8.暴露肝与横膈相连的镰状系膜，由腹面向背面将其剪断，直至腹主动脉。→

9.夹住肝门，贴着横膈将腹主动脉和后腔静脉一并剪断。→

10.使有齿镊保持夹着腹主动脉－后腔静脉断端，向后上方牵拉，暴露尚与肝牵拉的筋膜组织并一一剪断。↓

11.有齿镊始终夹着肝门部位，直至用剪子最终将肝完整游离，提起。↓

12.右图为摘下的肝。

图13.7　完整肝快速采集法

操作讨论

（1）完整肝采集的原则是尽量少扰动肝，在整个过程中肝只翻转一次。

（2）用有齿镊夹住肝门后，不要再松开，直至采集操作结束。

（3）肝尾状叶形态复杂，与远端食道纠缠。要先剪断食道，解除纠缠，方可在翻起肝清理筋膜时不损伤肝。

第 14 章
脾采集

一、背景

一般切除实验小鼠脾有两个目的：单纯摘除脾和采集脾标本。在小鼠新鲜尸体上采集脾标本的操作方法比较简单；活体摘除脾则要考虑尽量减小手术损伤。本章介绍小损伤完整脾采集法。

二、解剖基础

脾（图 14.1，图 14.2）位于腹腔内，左侧肋下缘下方。紧贴腹内壁，由后上向前下走行。暴露腹壁，隔着腹壁肌层就可以看到脾。若将小鼠仰卧开腹，可以在腹腔左侧找到长条形的脾（图 14.2）。

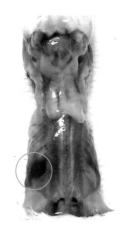

图 14.1 脾（小鼠俯卧位），如绿圈所示

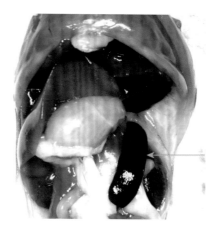

图 14.2 脾（小鼠仰卧位），如箭头所示

脾腹侧呈光滑的弧面，背侧有脊，截面呈三角形（图 14.3）。 脾和胃之间有脾胃系膜（图 14.4）相连，有 3 对脾动静脉分支走行其间。

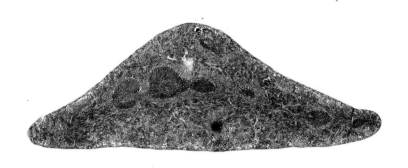

图 14.3 脾截面观

成鼠脾约重 1g。有些特殊的转基因小鼠，如镰状细胞贫血小鼠，巨大的脾（图 14.5）可达正常小鼠脾的 10 倍以上。

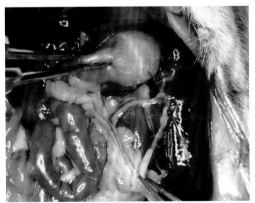

图 14.4 脾胃系膜

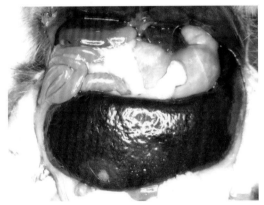

图 14.5 镰状细胞贫血小鼠的巨脾

三、器械与耗材

电烧烙器；皮肤剪；有齿镊；平镊；纸胶带。

四、操作方法

小损伤完整脾采集法见图 14.6。▶

1. 小鼠行常规麻醉。

↓

2. 左侧腹备皮。

↓

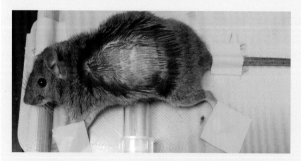

3. 将小鼠右侧斜卧，腹部垫高。用纸胶带固定右耳、左侧前后肢、尾根部。↓

4. 于左肋下斜行剪开皮肤 1 cm。↓

5. 分开皮肤，暴露腹肌，透过腹壁可见脾。→

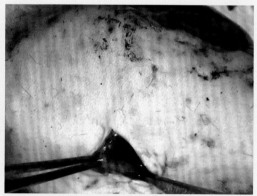

6. 于脾尾表面部位剪开腹壁。↓

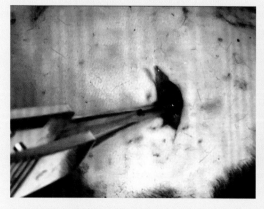

7. 用平镊夹住脾尾，轻轻将其牵拉出体外。→

8. 翻转脾，用有齿镊将脾提高，以陆续暴露 3 对脾动静脉。↓

9. 有齿镊保持向外牵拉状态，用烧烙器逐一烧断全部脾动静脉分支和脾胃系膜。→

10. 依次处理，直至烧断脾头处的脾动静脉和脾系膜。↓

11. 此时脾与小鼠身体彻底分离，可完全摘除。→

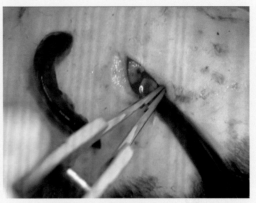

12. 将结缔组织、筋膜脂肪还纳腹腔。↓

13. 逐一缝合腹壁和皮肤切口。↓

14. 常规术后处理。

图 14.6　小损伤完整脾采集法

操作讨论

（1）脾血液循环丰富，有连接肝和胃脏的血管，简单将其剪断，必将导致大量出血。所以摘除脾时，用烧烙的方法切断血管，可以避免出血。

（2）腹壁切口可以小于脾长度。因为脾在腹腔内游离度很大，可以从一个小切口内拉出脾尾，将脾完全牵拉至体外。

第 15 章
胰腺采集

一、背景

采集胰腺多用于提取胰岛，进行细胞研究。故需要先将消化酶充满胰腺内部，然后进行细胞分离。

通过胆总管可以将药物经胰管注入胰腺。经胆总管灌注的操作模式可分为两类：顺向灌注和逆向灌注。顺向灌注是从胆囊进针灌注胆总管，多用于全胰腺灌注；逆向灌注是从十二指肠进针灌注胆总管，多用于部分胰腺灌注。鉴于胰腺采集的灌注目标是全胰腺，故本章介绍胆总管顺向灌注胰腺法。

二、解剖基础

胰腺（图 15.1）为不规则网状组织，分布在肝后面，两肾和肠胃之间。胰管由胆总管（图 15.2）发出进入胰腺 95。

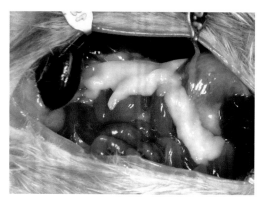

图 15.1　胰腺

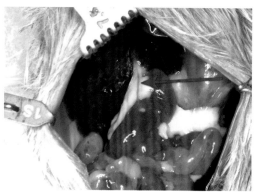

图 15.2　胆总管，如箭头所示

三、器械与耗材

3 mL 注射器；31 G 钝针头；微型血管夹；消化酶（药液）；皮肤剪；皮肤镊；显微剪；
纱布；棉签。

四、操作方法

胆总管顺向灌注胰腺法见图 15.3。

1. 新鲜小鼠尸体剥皮 **21**。
↓

2. 取仰卧位，在腹壁肚脐部位用皮肤剪横行剪开
一个小口。提起腹壁，令空气进入，使内脏脱离
腹面腹壁。→

3. 向两侧横行剪开腹壁，过腋中线。↓

4. 将剪开的腹壁上翻，盖在胸廓上。→

5. 剪除剑突，有利于肝的暴露和操作。↓

6. 压迫胸骨，将全部肝压至胸廓外。→

7. 用棉签向上翻起肝。↓

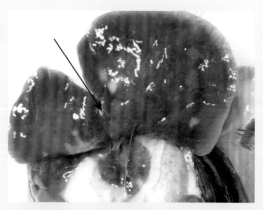

8. 暴露胆囊。箭头示胆囊。→

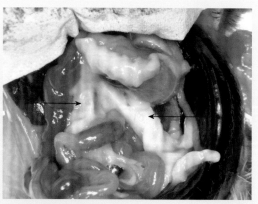

9. 用湿纱布覆盖肝。取湿棉签将肠向上翻，暴露肝下的胰腺。箭头示胰腺。↓

10. 向左推小肠。翻出十二指肠，暴露胆总管。箭头示胆总管。→

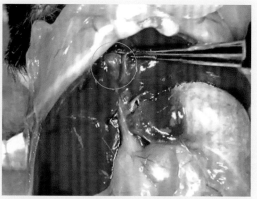

11. 继续抬高肝，充分暴露胆囊。绿圈示胆囊。↓

12. 用微型血管夹夹住壶腹部，下翻，使胆总管被拉直。↓

13. 从胆囊进针，针头进入胆总管 1 mm，即可开始注射药液。▶→

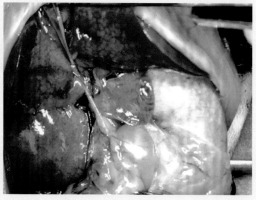

14. 匀速缓慢注入 0.3 mL 药液，可见胰腺随之充盈鼓胀。↓

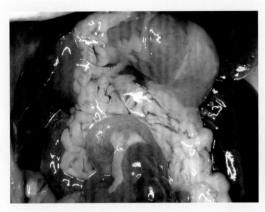

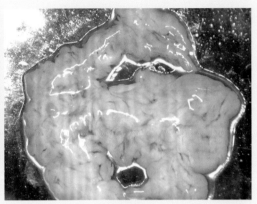

15. 注射后的胰腺，可见腺体组织内裂隙呈"水裂"状改变。→

16. 拔针，用镊子夹起胰腺，用棉签配合显微剪剪除粘连的结缔组织和血管，摘除完整的胰腺。

图 15.3　胆总管顺向灌注胰腺法

操作讨论

（1）摘除胰腺时，为避免剪破肠道，可以用镊子撕开连接胰腺的系膜。

（2）可以根据状态区别灌注前后的胰腺。灌注前的胰腺均匀（图 15.4）。灌注后的胰腺呈"水裂"状（图 15.5）。

（3）胰腺与肠系膜（图 15.6）形态相似，位置接近，容易混淆。仔细辨别颜色和质地可加以区分，胰腺相对更加厚重。

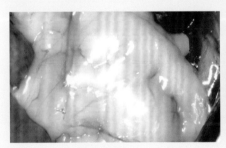

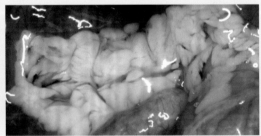

图 15.4　灌注前的胰腺

图 15.5　灌注后的胰腺

图 15.6　肠系膜和胰腺。左圈示肠系膜，右圈示胰腺

第 16 章

肾采集

一、背景

　　小鼠肾采集后多用作标本或器官移植。用作标本时，要求肾完整干净，并注意根据实验要求确定是否需要保存肾浆膜。用作器官移植的供体肾时，采集过程则比较复杂：摘取前需要冲洗血管系统，保留完整的肾动静脉和输尿管，同时还要准确地结扎肾动静脉上的肾前腺血管和髂腰动静脉；采集时要求低温，动作要迅速，肾要求完整且灌注干净等。本章主要介绍供体肾采集法。

二、解剖基础

　　肾位于腹腔内，完全为腹膜脏层包裹。肾表面为纤维膜包裹。纤维膜和浆膜（腹膜脏层）之间有些脂肪组织（图 16.1），主要分布在肾门附近。

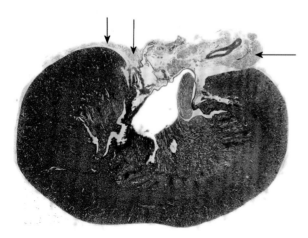

图 16.1　肾组织切片，H-E 染色。箭头示脂肪分布区域

左肾位置较右肾偏后（图 16.2），且形态上不同于右肾，左肾有一条纵向走行的嵴（图 16.3），可以此区分采集下来的左肾和右肾。

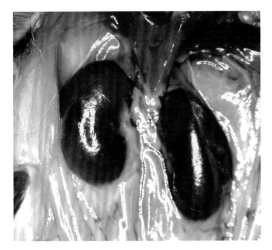

图 16.2　肾呈右前左后分布

图 16.3　左肾和右肾。箭头示左肾嵴

左髂腰动脉（图 16.4）多出自肾动脉，或与肾动脉同点从腹主动脉发出；右髂腰动脉发自腹主动脉。左肾前腺动脉发自腹主动脉，左肾前腺后静脉进入肾静脉。图 16.5 示肾前腺。肾门有输尿管（图 16.6，图 16.7）发出，向后进入膀胱。

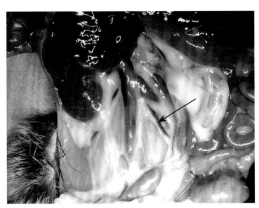

图 16.4　髂腰动脉。箭头示左髂腰动脉，可见该动脉自肾动脉发出

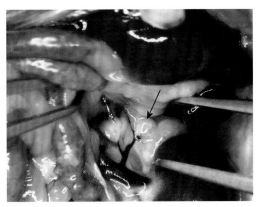

图 16.5　肾前腺，如箭头所示。左肾前腺后静脉进入肾静脉

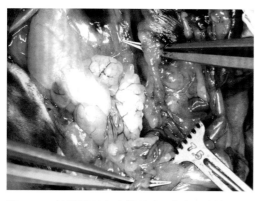

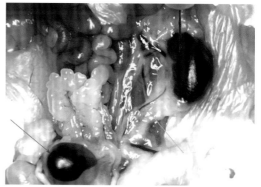

图 16.6　输尿管及包裹脂肪（两把镊子挑起的是输尿管的两端）

图 16.7　蓝色染料行左肾盂注射，经输尿管进入膀胱。绿箭头示输尿管，红箭头示膀胱

三、器械与耗材

手术显微镜；电烧烙器；31 G 针头胰岛素注射器；29 G 针头 +3 mL 注射器；显微剪；显微镊；弯镊；平板打结镊；拉钩；10 cm 培养皿；8-0 缝针；7-0 显微缝线（结扎线）；滤纸；500 U/mL 肝素生理盐水；冷生理盐水和冰盒。

四、操作方法

供体肾采集法见图 16.8。

1. 小鼠行常规麻醉。

↓

2. 腹部备皮，开腹 。

↓

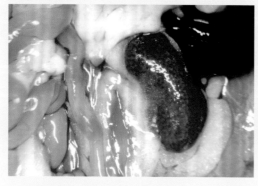

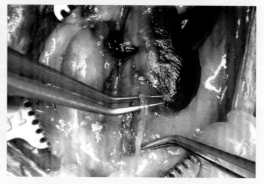

3. 安置拉钩，暴露左肾、腹主动脉、后腔静脉、左输尿管。→

4. 分离完整输尿管，清理远端包裹输尿管的结缔组织。↓

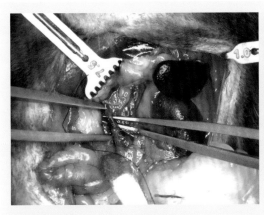

5.将显微镊从下方穿过两肾间的腹主动脉和
后腔静脉。→

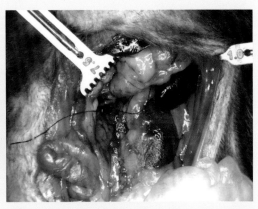

6.安置预置结扎线。↓

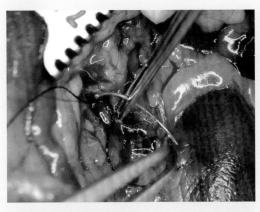

7.暴露肾前腺后静脉终点。用 8-0 缝针穿过肾
前腺后静脉近端。→

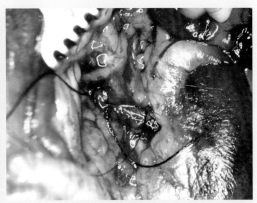

8.紧贴肾静脉处结扎肾前腺后静脉。↓

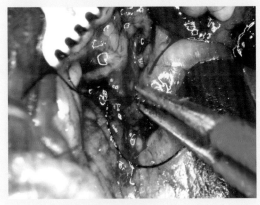

9.用烧烙器灼烧肾前腺后静脉。→

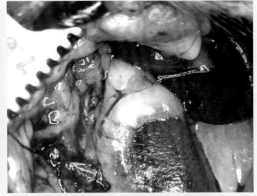

10.将肾前腺后静脉完全烧断。↓

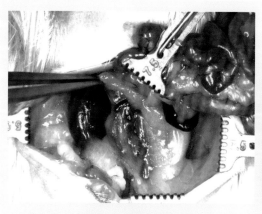

11. 将左肾向右翻转，暴露肾动脉。→

12. 分离肾动静脉。↓

13. 若小鼠左髂腰动脉来自腹主动脉，左髂腰静脉汇入后腔静脉，则不必结扎髂腰动静脉；若左髂腰动脉来自肾动脉，左髂腰静脉汇入左肾静脉，则需要分离并结扎髂腰动静脉，然后将其烧断。↓

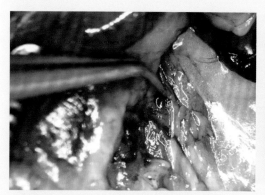

14. 保持左肾右翻位置，暴露髂腰静脉终点、髂腰动脉起点。→

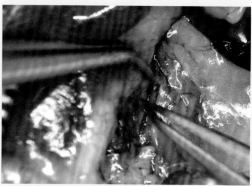

15. 分离髂腰静脉终点和髂腰动脉起点部位。↓

16. 紧贴肾动静脉分别结扎髂腰动静脉。→

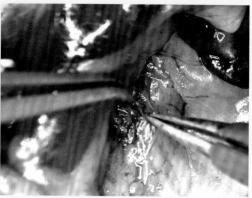

17. 先烧断髂腰动脉，再烧断髂腰静脉。↓

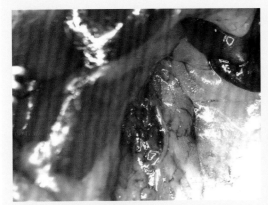

18. 完成髂腰动静脉截断。→

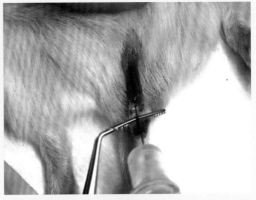

19. 从阴茎背静脉注射肝素生理盐水 0.1 mL。↓

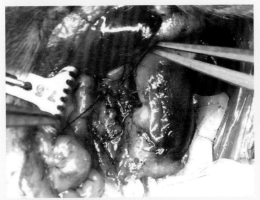

20. 结扎两肾间腹主动脉 – 后腔静脉。→

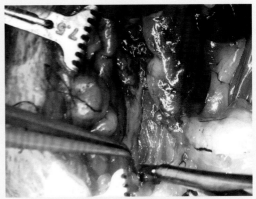

21. 剪开右髂总静脉。↓
22. 放置滤纸。↓

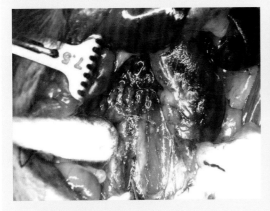

23. 暴露远端腹主动脉。→

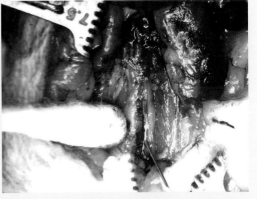

24. 将 29 G 针头弯曲 45°，连接装有生理盐水的 3 mL 注射器，向心方向刺入腹主动脉。↓
25. 匀速灌注腹主动脉以清洗肾。↓

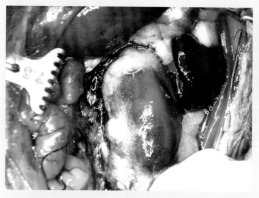 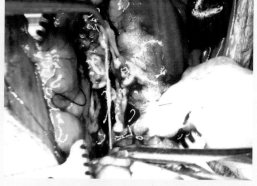

26. 灌注至少 1 mL 生理盐水，观察肾完全由暗红色变为淡灰色。↓

28. 剪断输尿管远端。↓

27. 此时小鼠死亡。开始局部间歇性喷洒冷生理盐水，以保持肾处于低温和湿润状态。→

 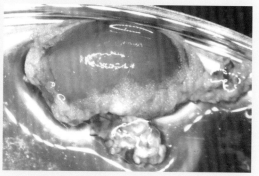

29. 结扎后在结扎线远端剪断腹主动脉、后腔静脉和腰动静脉。→

30. 将左肾置于 10 cm 培养皿中，加冷生理盐水浸泡。将培养皿置于冰上。↓

31. 用钝针头经腹主动脉二次清洗左肾。↓

32. 清理肾动静脉近端的血管外膜后，将其剪断。↓

33. 将肾保存在冷生理盐水中待用。

图 16.8　供体肾采集法

操作讨论

（1）小鼠死亡后左肾间歇性喷洒生理盐水，使肾保持在低温状态，可降低代谢，有利于保持细胞活性。

（2）注意采用无菌手术，以防止污染。

（3）肾采集后，应尽快开始移植手术。

（4）如果用 3 mL 生理盐水还不能完全将肾灌洗干净（表现为肾灰白颜色不均匀），则应检查血液流出通道是否开放。

（5）保持肾浆膜移植，可以避免损伤肾脂肪层。

第 17 章
提睾肌采集

一、背景

提睾肌是小鼠体内面积和厚度比最悬殊的肌肉之一。它薄而宽大,血管走向规则,是研究活体血流和肿瘤影像的理想部位。

人类临床通过切开阴囊皮肤暴露提睾肌。小鼠提睾肌可以随着睾丸自由进出阴囊。开腹暴露提睾肌可以免除分离提睾肌和阴囊皮肤的操作。鉴于这个解剖特点,本章介绍开腹提睾肌快速采集法,并介绍用充盈法灌注提睾肌。

二、解剖基础

雄鼠提睾肌(图 17.1,图 17.2)可以进入阴囊内,也可以随时缩回体内。

提睾肌内面光滑,通过提睾肌 – 附睾系膜与附睾相连。同时,提睾肌还通过提睾肌 –

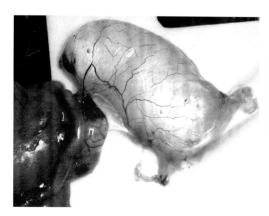

图 17.1　翻入腹内的提睾肌的充盈的袋状形态

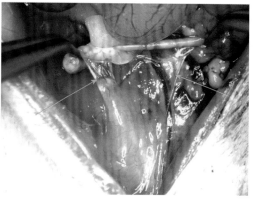

图 17.2　开腹后,提睾肌被牵引,内面外翻,箭头示附睾和输精管之间的系膜,其下方是提睾肌

输精管系膜（图 17.2）与输精管远端相连。

提睾肌表面有提睾肌外筋膜包裹。图 17.3 示注入生理盐水后充盈的提睾肌外筋膜。

笔者发现，提睾肌的血液供应来源于附睾动脉和提睾肌动脉两个系统。提睾肌动脉源于腹壁阴部动脉干。这两个系统覆盖提睾肌的面积因个体而异（图 17.4，图 17.5）。

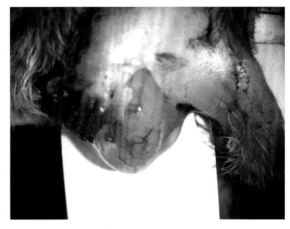

图 17.3　提睾肌外筋膜

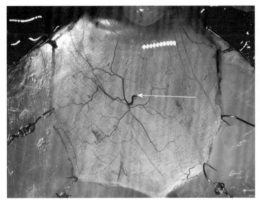

图 17.4　附睾动脉优势的提睾肌血液循环血管分布形态。中央最粗大的血管是切断的附睾 – 提睾肌静脉支断端，如箭头所示

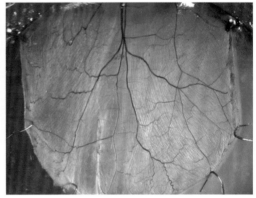

图 17.5　提睾肌动脉优势的提睾肌血液循环。提睾肌内绝大多数血管来自提睾肌动脉。少量的附睾 – 提睾肌支动静脉在左侧的切口边缘

三、器械与耗材

显微尖镊；显微剪；钝针头；耦合剂。

四、操作方法

（一）开腹提睾肌快速采集法（图 17.6）。▶

1. 小鼠处死后立即仰卧位安置。

↓

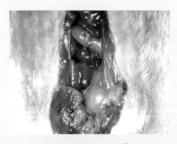

2. 沿腹中线剪开腹腔 17 。→

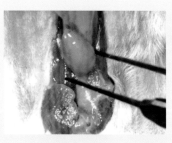

3. 用镊子拉起一侧生殖脂肪囊，带出睾丸。→

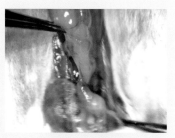

4. 拉起睾丸，带出附睾。↓

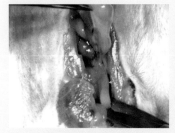

5. 拉起附睾，将提睾肌从阴囊拉进体内。→

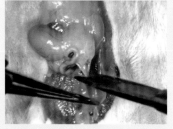

6. 剪断附睾与提睾肌之间的血管和系膜。→

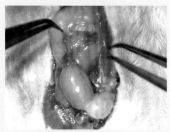

7. 剪下提睾肌囊。↓

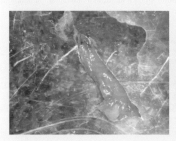

8. 放置显微镜下，准备展开提睾肌囊。→

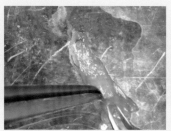

9. 用一把镊子固定提睾肌囊的剪口外缘；将另一把镊子伸进提睾肌囊，分开内面空间。→

10. 将剪子插入提睾肌囊纵向剪开，直至提睾肌囊顶端。↓

11. 摊平剪开的提睾肌囊，此时提睾肌外面向上。→

12. 清理表面脂肪和筋膜。→

13. 图为清理后的提睾肌。↓

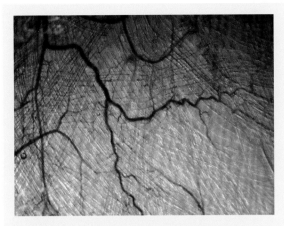

14. 在高倍显微镜下，血管和肌纤维清晰可见。

图 17.6　开腹提睾肌快速采集法

（二）充盈法灌注提睾肌（图 17.7）▶

采集下来的提睾肌囊用充盈法灌注，可以显示其立体形态。

1. 用镊子夹住剪下的提睾肌囊剪口边缘。→

2. 插入钝针头，注入耦合剂。→

3. 随着耦合剂的注入，提睾肌被逐渐充盈，针头在充盈区内推进，继续注入耦合剂，这样可避免针头接触提睾肌。↓

4. 针头到达提睾肌顶端时停止前进，继续注入耦合剂。→

5. 直至顶端充分充盈。→

6. 此时开始退针，边退针边灌注。退针的速度取决于提睾肌囊达到完全充盈的状态。↓

7. 完全充盈后，针头退出提睾
肌。→

8. 此时的提睾肌是内面外翻的。

图 17.7　充盈法灌注提睾肌

操作讨论

（1）提睾肌充盈是用来观察其立体形态的。

（2）在充盈状态下剪开提睾肌，可以更好地选择剪开部位。

（3）采集提睾肌，从阴囊入手比采用剖腹手术更耗时。

第 18 章
骨髓采集

一、背景

骨髓采集是常用的小鼠样本采集方法之一，采集部位主要为股骨，方法也比较固定。需要注意的是暴露股骨的手法要求快捷、干净。本章以股骨为例，介绍骨髓采集法。

二、解剖基础

股骨（图 18.1）是小鼠体内最大的管状骨，是最大的储存和产生骨髓的器官。

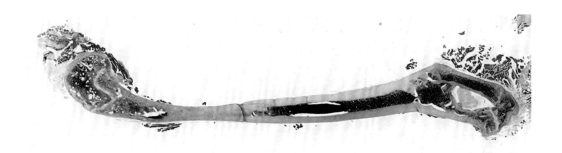

图 18.1　股骨纵向组织切片。可见骨髓腔中的骨髓，左为股骨远端，右为股骨近端

股骨近端连接髋关节，远端连接膝关节。深部有股中间肌、半腱肌包绕。内侧面有股内侧肌、大收肌等覆盖（图 18.2）。外侧面有股二头肌和股外侧肌覆盖（图 18.3）。

膝区域有三个关节（图 18.4）：股骨远端髁面与髌骨形成股髌关节；股骨远端与胫骨近端形成股胫关节；近端的腓骨髁和胫骨髁形成胫腓关节。髌骨远端连接的髌骨韧带，越过股胫关节，形成膝关节前壁。

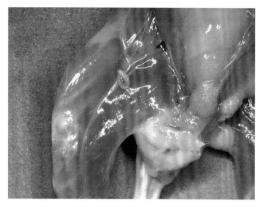

图 18.2　后肢内侧肌肉

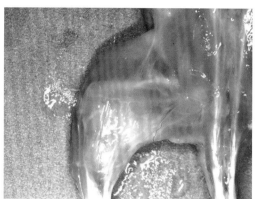

图 18.3　后肢外侧肌肉

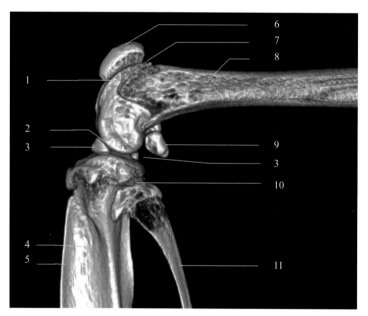

1. 股骨滑车；2. 股胫关节；3. 半月板；4. 胫骨；5. 胫骨嵴；6. 髌骨；7. 股髌关节；
8. 股骨；9. 腓肠肌籽骨；10. 胫腓关节；11. 腓骨

图 18.4　膝关节扫描像（张阔供图）

三、器械与耗材

尖剪；有齿镊；25 G 针头；1 mL 注射器；生理盐水。

四、操作方法

以右股骨为例介绍骨髓采集法（图 18.5）。▶

1. 小鼠处死后取仰卧位，腹中部横行剪开皮肤 1 cm。→

2. 向后剥皮，完全暴露双后肢至小腿部 21 。→

3. 撕断小腿皮肤，将小鼠左侧卧。↓

4. 用镊子夹住股直肌。→

5. 剪子从股外侧肌与股骨之间插入，其尖端从股内侧肌与股骨间穿出。贴着股骨面做钝性分离。剪刃向外张开，向近端至髋关节，向远端进入股髌关节，钝性分离髌骨与股骨，直至髌骨韧带在胫骨附着处断裂。→

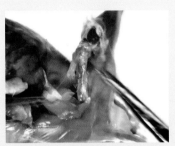

6. 分离后股骨背面光滑无肌肉附着。↓

7. 再将剪子插入股骨与股二头肌之间，剪子尖端从大收肌与股骨之间穿出。→

8. 剪口极度张开，用剪子背面分离股骨与其腹面的肌肉。剪子背面近端抵达髋骨，远端剪背抵达腘窝。→

9. 猛然用力张大剪口。使股骨远端与胫腓骨完全脱离。此时可见股骨自远端到近髋关节处光滑，无任何肌肉、肌腱附着。↓

  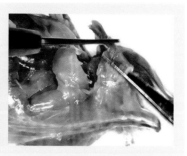

10. 用镊子夹住股骨远端向上提起，剪子沿股骨下压。→

11. 在距髋骨关节约 1 mm 处剪断股骨近端，暴露近端骨髓腔。→

12. 将残留在股骨近端的肌肉稍做清理。↓

13. 彻底游离股骨，将股骨近端向下。→

14. 针尖刺入股骨远端表面，进入骨髓腔 1 mm。↓

15. 用生理盐水将骨髓冲入容器，完成骨髓采集。

图 18.5　骨髓采集法

操作讨论

（1）关键技术：在去除股骨表面的肌肉时，不要从表面剪除，用剪子以扩张的方法分离股骨与肌肉，干净又快捷。

（2）剪子分离背面股骨与肌肉时，一定要从腓骨近端附着点分离髌骨韧带。这样在股骨腹面分离肌肉时才能令股骨远端干净地脱离出来。

（3）为把骨髓从骨髓腔内冲洗出来，股骨远端不用剪断，用针头直接刺入即可。

剥皮撕尾

第三篇

第 19 章
剥皮采集腺体概论

无论临床上还是小鼠实验中，皮下组织标本采集的原则一般是局部切开皮肤，暴露，采集标本后缝合切口。从新鲜小鼠尸体上采集皮下组织，原则上采用剥皮采集技术，这是因为小鼠体小皮薄，又富有体毛，剥皮采集是干净、快捷的方法，而且可以同时采集多种皮下组织标本。尸体上采集标本，不存在机体损伤问题。

在小鼠皮肤上剪开一个小口，很容易将皮肤撕开。如果在背部或腹部横向剪开一个小口，就可以向前、后两个方向牵拉皮肤切口，切口会向左、右两侧撕裂，最终形成环形断开。㉑

小鼠是松皮动物，大部分皮肤下面都有皮肌层。皮肌层下面有浅筋膜层。在小鼠浅筋膜层存在很多腺体（图 19.1）。在头颈部有颌下腺、舌下腺、腮腺、耳前腺、眶

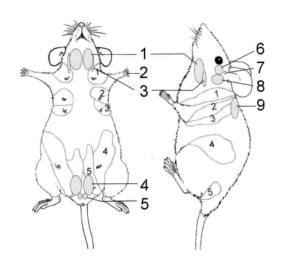

黑色数字：1. 颌下腺；2. 汗腺；3. 舌下腺；4. 雄鼠包皮腺；5. 雌鼠包皮腺；6. 眶外泪腺；7. 耳前腺；8. 腮腺；9. 冬眠腺。红色数字示乳腺

图 19.1 小鼠皮下腺体分布

外泪腺等；在躯体部有乳腺、包皮腺和冬眠腺等；汗腺则在爪掌皮肤下。

由于浅筋膜层为疏松、游离度很大的筋膜组织，其中的血管多为走向皮肤的血管分支，缺少毛细血管。存在这一层的腺体很容易被撕开而脱离躯体。这些腺体有的会贴附在撕脱的皮肤上，如乳腺、汗腺和包皮腺；有的附着在躯体上，如冬眠腺、颌下腺、舌下腺等；有的随机附着，如耳前腺、腮腺、眶外泪腺等。因此，在采集腺体时，与其切开特定部位，不如直接剥皮，不但快捷、干净，而且还可以一次采集多种腺体。

充分了解小鼠的这些特点，可以避免在剥皮时丢失要采集的腺体。

第 20 章

泪腺采集

一、背景

小鼠头面部有数种腺体，如睑板腺、腮腺、泪腺、耳前腺等。腺体采集通常采用外科手术方式，即从表面切开皮肤，暴露采集目标。小鼠皮肤具有松、薄的特点，因此，采用剥皮法采集泪腺会更方便、快捷。本章介绍泪腺剥皮采集法。

二、解剖基础

小鼠泪腺左、右各两个：眶外泪腺与眶内泪腺。眶外泪腺（图 20.1）位于腮腺和眼外眦之间；眶内泪腺（图 20.2）在眼外眦角筋膜下，为紧连的两小块泪腺。

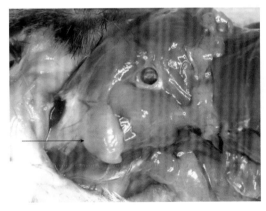 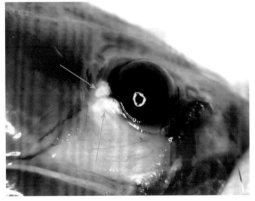

图 20.1　眶外泪腺，如箭头所示　　　　图 20.2　眶内泪腺，如箭头所示

三、器械与耗材

皮肤镊；皮肤剪。

四、操作方法

泪腺剥皮采集法见图 20.3。▶

1. 新鲜小鼠尸体浸水，打湿皮毛。
↓

2. 将皮肤从背部正中线横向剪开 1 cm。
↓

3. 向前撕开翻卷皮肤，直抵耳部。图中圈示耳根部，箭头示耳廓软骨。→

4. 将剪子紧贴颅骨剪断耳廓根部。→

5. 继续前翻头部皮肤，至眼部。图中黑箭头示眼部，红箭头示眶外泪腺。↓

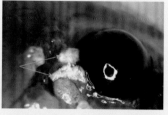

6. 拉起皮肤，紧贴眼球剪断结膜，继续前翻皮肤，使眼睑皮肤完全翻起。注意区别眶外泪腺和腮腺。图中左箭头示眶外泪腺，右箭头示腮腺。→

7. 完全暴露眶外泪腺和眶内泪腺。剪开眼外眦韧带，能更清楚地看到眶内泪腺；（如箭头所示），可以很容易采集下来。→

8. 用镊子摘除眶内泪腺。图中放在角膜上的是摘除的眶内泪腺；哈氏腺还留在原位。箭头示哈氏腺。

图 20.3　泪腺剥皮采集法

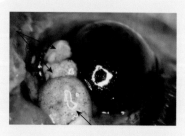

图 20.4　眶内泪腺与哈氏腺的区别。两个上箭头示眶内泪腺；下箭头示拉出眼眶的部分哈氏腺

操作讨论

注意眶内泪腺与哈氏腺的区别（图 20.4）。哈氏腺质地较眶内泪腺略松软，体积比后者大得多。

第 21 章
腮腺采集

一、背景

小鼠的腮腺在面部皮下，与泪腺一样，采用剥皮法会更方便、快捷。本章介绍腮腺剥皮采集法。

二、解剖基础

腮腺（图 21.1）位于两侧颊部浅筋膜中，眶外泪腺后方，耳孔下方。剥头皮时，腮腺常与皮肤连在一起，与颅骨分离。

三、器械与耗材

尖镊；皮肤剪。

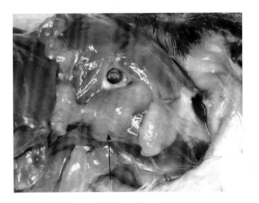

图 21.1　腮腺，如箭头所示

四、操作方法

腮腺剥皮采集法见图 21.2。▶

1. 新鲜小鼠尸体浸水，打湿皮毛。

↓

2. 将皮肤从背部正中线横向剪开 1 cm。

↓

3. 向两端撕开皮肤切口，直至皮肤在腹部完全断开。

↓

4.向前撕开翻卷皮肤，直达耳际。腮腺常附着于耳廓软骨根部，如箭头所示。→

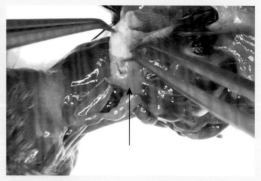

5.用一把镊子拉紧耳廓，另一把镊子将腮腺从耳廓上分离下来。箭头示腮腺。↓

6.将剪子紧贴颅骨剪断耳廓，进一步清理腮腺。绿箭头示眶外泪腺，黑箭头示腮腺。→

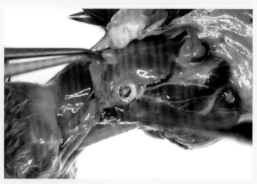

7.用镊子小心摘下腮腺。↓

8.完整摘除腮腺。图中将腮腺与摘除的眶外泪腺和淋巴结放置在一起，蓝箭头示淋巴结，黑箭头示泪腺，绿箭头示腮腺。

操作讨论

（1）腮腺和眶外泪腺的鉴别：除了眶外泪腺位置靠前以外，腮腺颜色略红。

（2）腮腺下面有丰富的面部血管，如果在活体摘除时，务必小心。

（3）在剥皮的时候，腮腺有时会与皮肤连在一起翻卷，有时则与颞肌连在一起。

图 21.2　腮腺剥皮采集法

第 22 章
耳前腺采集

一、背景

小鼠耳前腺在皮下，在新鲜尸体上采用剥皮法会更方便、快捷。本章介绍耳前腺剥皮采集法。

二、解剖基础

小鼠耳前窝（图 22.1，图 22.2）位于耳孔前方。耳前腺（图 22.3）位于耳前窝中，约有半个耳孔大小，深色小鼠常有色素斑点分布其内。

图 22.1　耳部。黑箭头示耳前窝的位置，绿箭头示外耳道

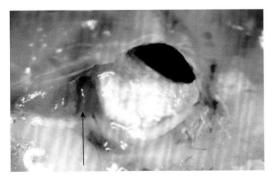

图 22.2　耳前窝（局部放大），位置如箭头所示

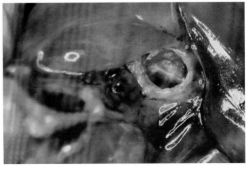

图 22.3　含有大量色素的耳前腺

三、器械与耗材

皮肤镊；皮肤剪。

四、操作方法

以小鼠左耳为例介绍耳前腺剥皮采集法（图 22.4）。▶

1. 新鲜小鼠尸体浸水，打湿皮毛。
↓

2. 将皮肤从背部正中线横向剪开 1 cm。
↓

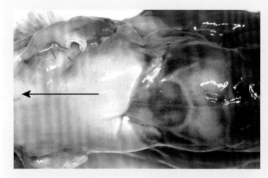 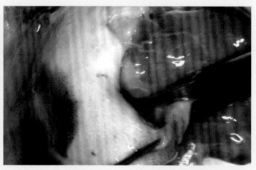

3. 向前撕开并翻卷皮肤，直达耳际。箭头示撕皮方向。→

4. 将小鼠转向右侧卧，剪断左耳根部软骨环。↓

5. 继续向前翻卷面部皮肤至眼部，暴露面部。可见耳前窝内的耳前腺。→

6. 用镊子夹出耳前腺。

图 22.4　耳前腺剥皮采集法

操作讨论

（1）头部剥皮时，耳前腺有时会随皮肤一起被剥出耳前窝（图22.5）。

（2）白色小鼠的耳前腺色素不明显（图22.6）。

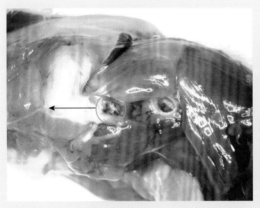 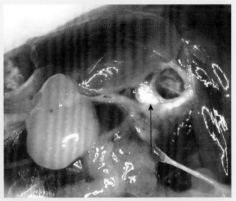

图 22.5　耳前腺被剥出耳前窝。箭头示皮肤牵拉方向，绿圈示贴附于皮肤的耳前腺

图 22.6　白色小鼠耳前腺，无明显色素，如箭头所示

第 23 章
颌下腺采集

一、背景

本章以颌下腺采集为例，介绍尸体皮下组织标本采集方法。

二、解剖基础

小鼠颌下腺（图 23.1）位于颈部腹面，几乎覆盖整个颈部腹面的皮下部分。背面是气管，外侧是胸骨乳突肌和颈外静脉。从左、右颌下腺中间很容易将其钝性分离（图 23.2）。掀起颌下腺，可见颌下腺动静脉自背面进出（图 23.3）。

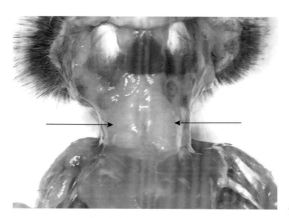

图 23.1 颌下腺，如箭头所示

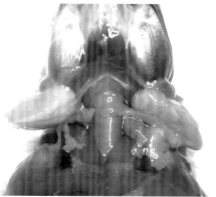

图 23.2 从左、右颌下腺中间将其钝性分离

图 23.3　颌下腺动静脉，如箭头所示

三、器械与耗材

皮肤剪；尖镊。

四、操作方法

颌下腺剥皮采集法见图 23.4。▶

1. 新鲜小鼠尸体浸水，打湿皮毛。
↓

2. 取仰卧位。
↓

3. 将皮肤从腹壁垂直腹中线剪开 1 cm。
↓

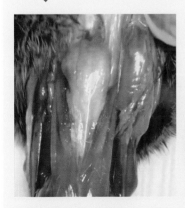

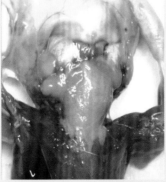

4. 向上撕开皮肤直至下颌部。
→

5. 暴露全部颌下腺，并将皮肤翻卷套住头部。→

6. 将两把镊子从中部插进左、右颌下腺之间，分别向前、后划开颌下腺。↓

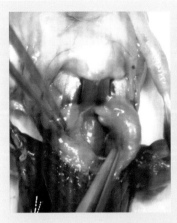 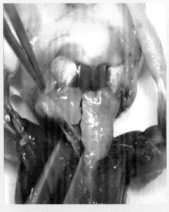 

7. 再用镊子向左、右两侧分离颌下腺。→

8. 用左镊夹起右颌下腺后端，右镊分离下方的结缔组织。→

9. 完整摘下右颌下腺。同样操作分离左颌下腺。

图 23.4 颌下腺剥皮采集法

操作讨论

（1）颌下腺背面有舌下腺，摘除时需要分清楚。图 23.5 中左侧颌下腺向上翻起，暴露其下方的舌下腺。舌下腺颜色略红，较小而细长，形态不规则，容易与颌下腺相区别。

（2）颌下腺后缘左、右有交叉（图 23.6），分离时需注意。故不建议用剪子直接从正中线剪开。

（3）如果是活体摘除颌下腺，要避免出血，可以掀起颌下腺，烧断血管，再摘除。

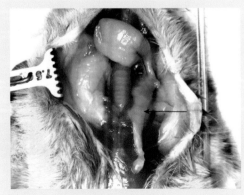 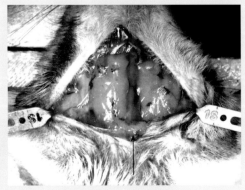

图 23.5 舌下腺，如箭头所示

图 23.6 右颌下腺后端伸延到左侧，如箭头所示

第 24 章
舌下腺采集

一、背景

小鼠舌下腺隐藏在颌下腺背面，小鼠仰卧位解剖时，舌下腺被颌下腺覆盖，不容易被发现。由于其形状不规则，若单纯以解剖书为标准，按图索骥，往往会在实际操作中求而不得。

由于舌下腺的位置，决定了该腺体的采集经常在颌下腺采集之后，所以本章介绍的舌下腺剥皮采集法，前半部分操作请参见"第23章 颌下腺采集"。

二、解剖基础

小鼠舌下腺（图24.1）位于颈部腹面，颌下腺背面。其形状不规则，游离性较大，体积明显小于颌下腺，且颜色较颌下腺略红，参见图23.5。舌下腺血液回流至颈外静脉。

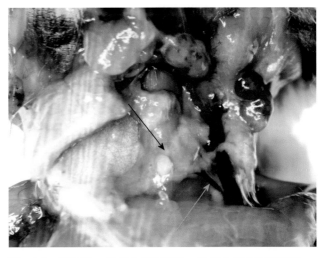

三、器械与耗材

皮肤剪；尖镊。

图24.1 舌下腺。黑箭头示舌下腺，绿箭头示舌下腺静脉

四、操作方法

以左舌下腺为例介绍舌下腺剥皮采集法（图 24.2）。

1. 新鲜小鼠尸体浸水，打湿皮毛。
↓

2. 取仰卧位，将皮肤从腹壁垂直腹中线剪开 1 cm。
↓

3. 向前撕开皮肤直至下颌部，皮肤翻卷套住头部，暴露全部颌下腺。
↓

4. 摘除左颌下腺 ㉓。
↓

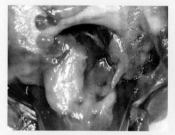

5. 完全暴露左舌下腺。→

6. 撕除舌下腺表面的筋膜。→

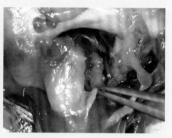

7. 用镊子夹住舌下腺下缘。↓

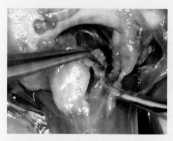

8. 向上翻起舌下腺，用剪子剪断深处的血管和筋膜。→

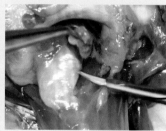

9. 完整采集舌下腺。

图 24.2　舌下腺剥皮采集法

操作讨论

（1）由于舌下腺形态不规则，采集用于鉴别舌下腺血管的标本时，可以先行动静脉染料灌注（图 24.3）。

（2）由于舌下腺周围富有浅筋膜，精细采集不规则的舌下腺时，可以用水分离的方法，充分暴露舌下腺。图 24.4 显示，用 30 G 钝针头向舌下腺周围的浅筋膜充分注入生理盐水后，舌下腺与其周围组织得到充分分离。

图 24.3 染料灌注后的舌下腺动静脉,如箭头所示

a. 向舌下腺周围浅筋膜注入生理盐水 　　　　 b. 舌下腺与周围组织分离

图 24.4 水分离法采集舌下腺

（3）舌下腺活体摘除时,要从颈正中线切开,将一侧的颌下腺翻起,烧断两条舌下腺血管,方可将其游离摘除。

第 25 章
冬眠腺采集

一、背景

　　小鼠冬眠腺实际上不是腺体，而是位于浅筋膜的棕色脂肪，用于支持能量供给、热量调节。其血管位于深面，不容易被发现。这个部位是"皮下注射"的常用部位，很容易造成针刺出血，所以在活体采集冬眠腺前，如果需要做皮下注射，应避开颈背部区域，以免损伤冬眠腺。

二、解剖基础

　　冬眠腺（图 25.1）位于浅筋膜内，左、右肩胛骨之间，左、右各一，疏松相连于背部正中线上。

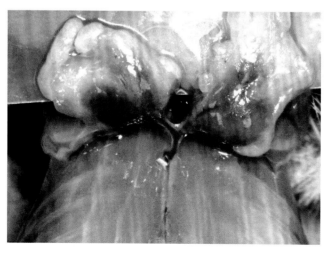

图 25.1　冬眠腺向前翻起显示血管，浅色区域为冬眠腺背面的白色脂肪

三、器械与耗材

皮肤剪；尖镊。

四、操作方法

冬眠腺剥皮采集法见图 25.2。▶

1. 新鲜小鼠尸体浸水，打湿皮毛。
↓

2. 捏起背部皮肤，沿背中线纵向剪开 1 cm 小口。→

3. 向左、右撕开皮肤，令切口向头、尾延伸。↓

4. 前方延伸至颈部。→

5. 完全暴露冬眠腺。绿圈示冬眠腺。↓

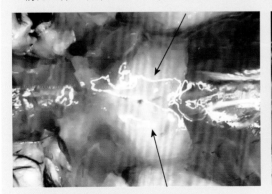

6. 显微镜下观察。表面白色的是脂肪。→

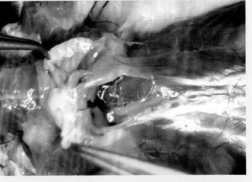

7. 向前翻起冬眠腺，可见白色脂肪下面是棕色脂肪，即冬眠腺。↓

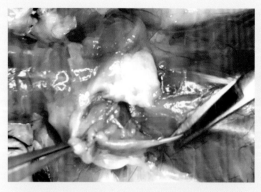 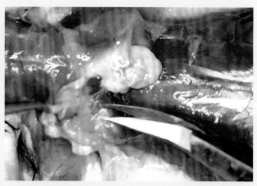

8. 用镊子夹起冬眠腺，从后向前用剪子剪断其与背部肌肉之间的浅筋膜。→

9. 一直剪到冬眠腺前端。↓

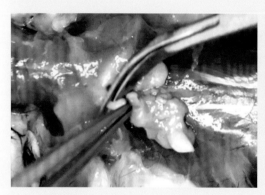 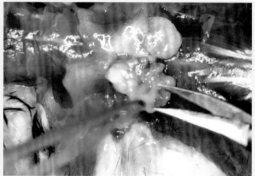

10. 翻转冬眠腺，从背面剪下冬眠腺。→

11. 进一步清理表面的白色脂肪，即可获得冬眠腺。

图 25.2　冬眠腺剥皮采集法

操作讨论

　　如果活体摘除冬眠腺，需要严格控制出血。方法是翻起冬眠腺，烧断冬眠腺动静脉再将其摘除。图 25.3 示冬眠腺的血管分布。

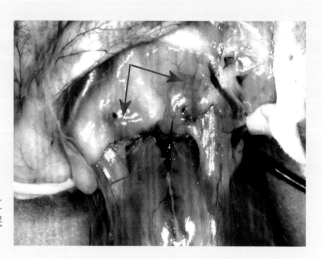

图 25.3　冬眠腺的血管分布。红箭头示棕色脂肪，蓝箭头示冬眠腺静脉

第 26 章
乳腺采集

一、背景

　　小鼠乳腺组织处于皮肌与皮下脂肪之间，与人类乳腺结构明显不同之处在于乳头和乳腺的相对位置，人类的乳头居中，小鼠的乳头多在乳腺的边缘。小鼠乳腺多用于原位乳腺癌研究。了解其解剖结构，是准确采集的前提。

二、解剖基础

　　雌鼠乳腺（图 26.1）为 5 对，左、右均衡。从前向后依次排序为第 1 对到第 5 对。第 1～3 对为胸部乳腺，第 4 对和第 5 对为腹部乳腺。备皮后可见乳头（图 26.2，图 26.3）呈半球形凸起。

图 26.1　乳腺位置

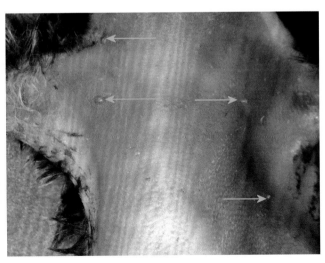

图 26.2　第 1～3 对乳头

翻过皮肤内面观察，深色小鼠可见乳头边缘有少量色素，位于乳腺内缘；有血管长入其内，如箭头所示（图 26.4）。

图 26.3　第 4 对和第 5 对乳头　　　　图 26.4　乳腺

三、器械与耗材

皮肤镊；显微尖镊；手术显微镜；显微尖剪。

四、操作方法

以第 4 对乳腺为例介绍乳腺剥皮采集法（图 26.5）。▶

1. 小鼠安乐死。

↓

2. 于小鼠中腹部皮肤横向剪开不大于 1 cm 的小口。

↓

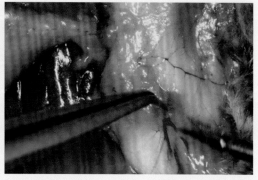

3. 向头、尾两个方向撕开皮肤，充分暴露紧贴皮肌下的乳腺组织。→

4. 用尖镊拉起乳腺，用尖剪剪断乳腺血管。↓

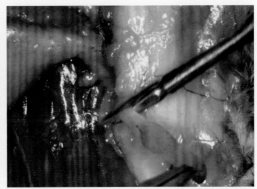

5. 继续用尖剪分离乳腺与皮肤，直至乳腺末端。
→

6. 将乳腺连同表面的脂肪组织一起完整剪下。↓

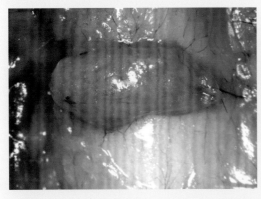

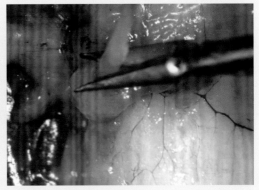

7. 图为完全游离的乳腺组织，可见其表面的脂肪组织。→

8. 清除乳腺表面的脂肪组织。↓

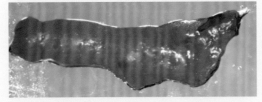

9. 得到完整的乳腺。→

10. 透照观察，可见乳腺组织内的血管。

图 26.5　乳腺剥皮采集法

操作讨论

（1）乳腺位于皮肌下的浅筋膜中，而不是在皮下层。

（2）根据乳腺的分布，从肚脐部位前后撕开皮肌，不会损伤脂肪。乳腺和脂肪会连同皮肤一起与下面的筋膜分离。

第 27 章
汗腺采集

一、背景

　　小鼠绝大多数皮下腺体与皮肤和皮肌连接都不紧密，简单地剥皮就可以暴露腺体，且采集方便。但在浅筋膜层薄的区域，皮下组织连接紧密，皮下腺体的采集方法比较特殊。

　　本章以汗腺为例，介绍从爪皮下采集汗腺的技术。

二、解剖基础

　　小鼠四个爪的爪面都可见 6 个爪垫（图 27.1）。表面光滑，呈半球形隆起 **35**。

　　病理切片显示，爪垫皮肤没有明显增厚，凸起的爪垫下为汗腺，如图 27.2 箭头所示。汗腺与皮肤之间为致密结缔组织。

图 27.1　爪垫

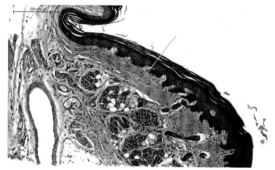

图 27.2　爪垫组织切片，H–E 染色。箭头示汗腺（管恩雨供图）

三、器械与耗材

环镊;尖镊;针持。

四、操作方法

以后爪为例,介绍小鼠尸体的汗腺采集法 (图 27.3)。▶

1. 小鼠常规剥皮。
↓

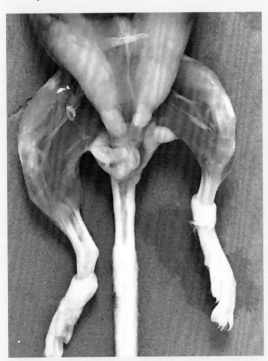

2. 剥皮至后肢踝部,撕断皮肤。后爪保存皮肤。→

3. 将后爪套入环镊。↓

4. 环镊固定在腓肠肌部位,作为剥皮时的对抗牵引。↓

5. 用针持夹住踝部皮肤边缘。↓

6. 将皮肤向远端翻起。→

7. 直至完全暴露皮下汗腺。↓

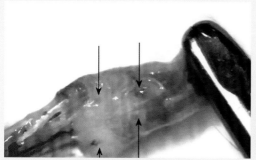

8. 图中可见汗腺随皮肤翻卷，箭头示汗腺。→

9. 用尖镊取下汗腺。

图 27.3　汗腺采集法

操作讨论

（1）汗腺与皮肤粘连紧密，与其在局部切开皮肤采集汗腺，不如将整个皮肤翻起更方便。

（2）环镊与针持对抗剥皮，配合完美。

第 28 章
雄鼠包皮腺采集

一、背景

　　雄鼠包皮腺位于后腹部浅筋膜中，且与皮肌和腹壁连接的紧密程度不同。通常从其表面皮肤切开采集的方式虽然不麻烦，但是相比之下，剥皮采集更方便、快捷。

二、解剖基础

　　包皮腺（图 28.1）是向包皮分泌液体的腺体，左、右各一，呈圆饼状，位于浅筋膜中，阴茎前方两侧。由于该腺体与皮肤连接较与腹壁连接更紧密，所以剥皮时多会和皮肤一起被撕下来（图 28.2）。深色小鼠的包皮腺管（图 28.3）上有色素沉着。包皮腺管开口于包皮突，包皮突位于尿道口两侧的皮肤上。包皮腺血管从背面进入腺体。在图 28.4 中，左侧包皮腺被翻开，可见其背面的血管分布。

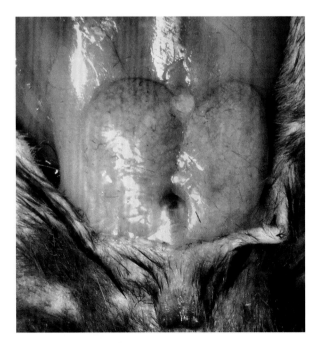

图 28.1　雄鼠包皮腺

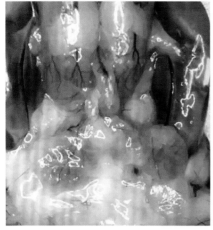

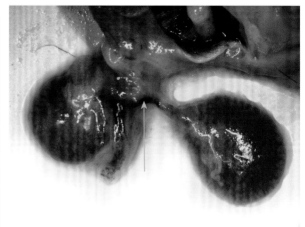

图 28.2　包皮腺和皮肤一起被撕下来　　图 28.3　包皮腺管，箭头示色素沉着

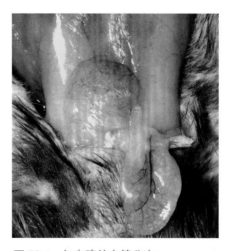

图 28.4　包皮腺的血管分布

三、器械与耗材

皮肤剪；尖镊。

四、操作方法

雄鼠包皮腺采集法见图 28.5。▶

1. 雄鼠新鲜尸体浸水，打湿皮毛。
↓

2. 在皮肤腹中线处横向剪开 1 cm。
↓

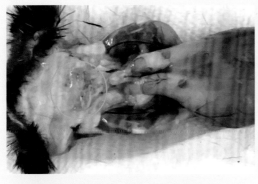

3. 向下撕开全腹皮肤，翻卷皮肤暴露包皮腺。→

4. 清理下面的肌膜组织，将包皮腺与皮肤分离。↓

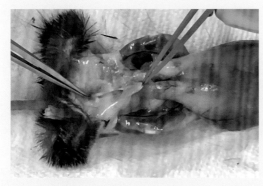

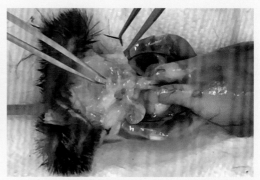

5. 进一步分离包皮腺管周围的筋膜，可以完整地采集包皮腺及其腺管。→

6. 完全游离包皮腺。

图 28.5　雄鼠包皮腺采集法

操作讨论

要完整摘除包皮腺，需要沿着包皮腺管分离其周围的筋膜，直至包皮突。

第 29 章
雌鼠包皮腺采集

一、背景

雌鼠包皮腺（亦称阴核腺）位于阴部皮下，很隐蔽，直接切开皮肤很难找到。若用剥皮的方法，将后腹部皮肤翻转过来，可非常清楚地看到与皮肤一起翻起的包皮腺。采集包皮腺管，则需要有一定的耐心。

二、解剖基础

雌鼠包皮腺（图 29.1 ～图 29.3）呈棒状，左、右各一，分布于阴道口两旁的浅筋膜层，有腺管连接到阴道口。若翻起深色小鼠的皮肤，可见包皮腺表面多有色素沉着，包皮腺管亦有大量色素沉积，且远超过包皮腺。

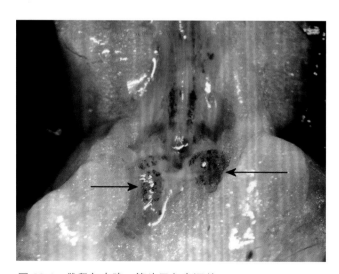

图 29.1　雌鼠包皮腺，箭头示色素沉着

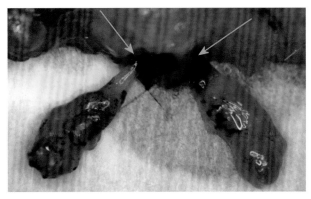

图 29.2　包皮腺。其腺管连接到阴道口，如箭头所示

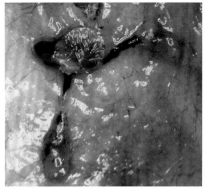

图 29.3　包皮腺。其腺管有大量色素沉着

三、器械与耗材

皮肤剪；显微镊。

四、操作方法

雌鼠包皮腺采集法见图 29.4。▶

1. 将新鲜尸体浸水，打湿皮毛。在皮肤腹中线处横向剪开 1 cm。↓

2. 向尾侧撕开皮肤，翻卷至后腹及双后肢。→

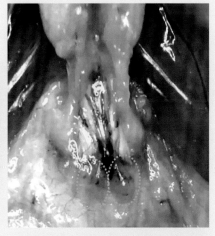

3. 在雌鼠阴囊下方可见阴道口的色素。色素后方是包皮腺。绿圈示包皮腺。↓

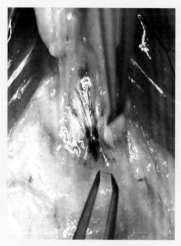

4. 用一把镊子夹住腺体外膜。→

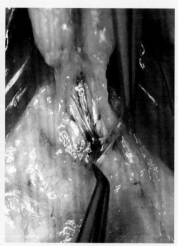

5. 用另一把镊子分离其下方的筋膜。↓

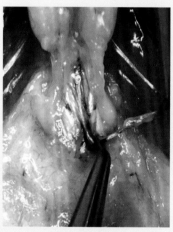

6. 进一步分离包皮腺管。→

7. 轻轻拉起包皮腺，连同包皮腺管完整采集下来。

图 29.4　雌鼠包皮腺采集法

操作讨论

（1）如果按照外科手术方式采集包皮腺，需从皮肤表面切开，费时、费力。剥皮的方法快速简便。

（2）深色小鼠包皮腺多有色素沉着，尤其是包皮腺管色素更多，这是寻找包皮腺的标记之一，所以寻找深色小鼠的包皮腺比寻找白色小鼠的容易些。

第 30 章

子宫、阴道采集

一、背景

传统外科手术方式采集雌鼠的子宫和阴道，是开腹后暴露子宫，再剪开耻骨，分离尿道，最后将子宫和阴道剪切下来。由于小鼠体形小，组织、器官之间的连接薄弱，利用阴道口、尿道口和肛门三处皮肤和管道器官的连接，可以将子宫和阴道从骨盆口直接拉出体外，达到迅速、干净采集的目的。

二、解剖基础

雌鼠骨盆口沿中轴线从前向后排列为：尿道口、阴道口和肛门（图 30.1）。这三个出口和皮肤紧密相连。阴道和直肠之间连接疏松，子宫在腹腔内与其他脏器也仅仅靠系膜连接，如图 30.2 所示。

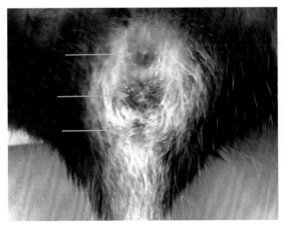

图 30.1 雌鼠的尿道口（上箭头）、阴道口（中箭头）和肛门（下箭头）

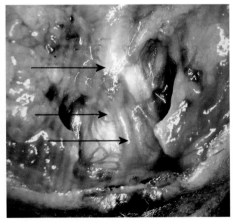

图 30.2 雌鼠腹腔。上箭头示子宫颈，中箭头示阴道，下箭头示尿道

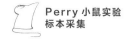
三、器械与耗材

皮肤剪；尖镊；环镊。

四、操作方法

子宫、阴道剥皮采集法见图 30.3。▶

1. 新鲜小鼠尸体浸水，打湿皮毛。
↓

2. 将腹部皮肤横向剪开 1 cm。
↓

3. 向尾端撕开皮肤，从骨盆口带出阴道。→

4. 用尖镊清理阴道背侧筋膜，与直肠分离。→

5. 从宫颈一直分离至阴道口。↓

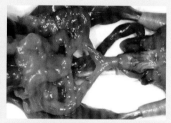

6. 用环镊夹住宫颈向尾侧水平牵拉，将子宫拉出骨盆口。→

7. 随着左、右子宫及其生殖脂肪囊被缓慢拉出骨盆口，雌鼠阴囊随之缩小。→

8. 左、右子宫和生殖脂肪囊全部被拉出骨盆口，并展开。↓

9. 沿阴道口剪断阴道。→

10. 清理阴道和子宫周围的脂肪组织。→

11. 将阴道纵向剪开，暴露宫颈。↓

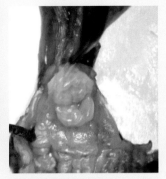

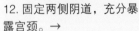

12. 固定两侧阴道，充分暴露宫颈。→

13. 宫颈呈腹背排列。右宫颈在腹面，左宫颈在背面。

图 30.3　子宫、阴道剥皮采集法

操作讨论

（1）小鼠右侧卵巢与腹腔连接较左侧卵巢牢固，有时不能与子宫一起被拉出骨盆口。

（2）雌鼠阴囊内为生殖脂肪囊所充盈（图 30.4），这些脂肪与包绕子宫动静脉的脂肪为一整块，可以随子宫一起被拉出骨盆口。

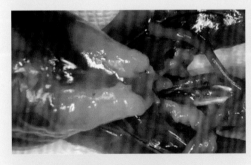
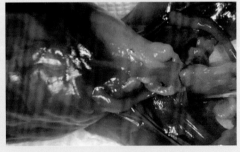

a.　生殖脂肪囊被拉出阴囊前

b.　右侧阴囊内生殖脂肪囊被拉出后

c.　双侧阴囊内生殖脂肪囊被拉出后

图 30.4　阴囊内充盈生殖脂肪囊

第31章
雌鼠结肠、直肠采集

一、背景

雌鼠的结肠与雄鼠一样，都在腹腔内。雄鼠结肠采集采取开腹的方法；雌鼠根据其解剖特点，可以采取非开腹的方法，而且更快捷。本章介绍这种简便的采集方法。

二、解剖基础

雌鼠阴道口皮肤和阴道相连，尿道口皮肤和尿道相连，肛门处皮肤和直肠相连，如图31.1 所示。这三个连接导致在撕皮时，肛门带着直肠、结肠，尿道口带着尿道、膀胱，阴道口带着阴道、子宫、生殖脂肪囊，甚至输尿管和卵巢一起被拉出骨盆口。

由于盲肠（图31.2）巨大，无法从骨盆口拉出，所以结肠会由此拉断，完成结肠－直肠采集。

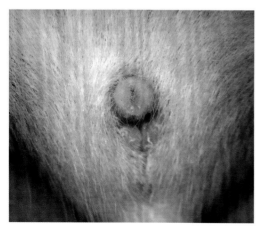

图31.1　雌鼠阴道口、尿道口和肛门

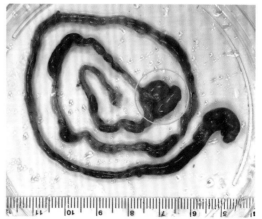

图31.2　肠道。绿环示盲肠，最内环为结肠，末端为肛门

三、器械与耗材

皮肤剪；尖镊。

四、操作方法

雌鼠结肠、直肠采集法见图 31.3。▶

1. 雌鼠新鲜尸体浸水，打湿皮毛。→

2. 在皮肤腹中线上横向剪开 1 cm。↓

3. 向首尾两端撕开皮肤。→

4. 尾端撕开皮肤翻卷到小腿时，可见阴道、尿道被拉出骨盆口。↓

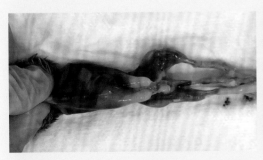

5. 剪断阴道，可见下面的直肠和结肠，肠中常见到粪便。→

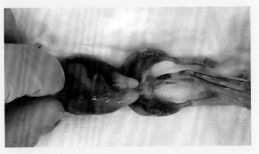

6. 用镊子夹住结肠向外拉，保持匀速牵拉。↓

7. 当阻力明显增大时，夹住近骨盆口处，剪断结肠。→ 8. 剪断直肠远端。↓

9. 图中为采集下来的完整的结肠和直肠。

图 31.3 雌鼠结肠、直肠采集法

操作讨论

（1）如果需要采集肛门，可以连同肛门一起剪下。

（2）此方法无须备皮和开腹，比传统的开腹采集法更快捷。

第 32 章
雌鼠膀胱采集

一、背景

由于雌鼠特有的解剖结构，可以不用外科手术方式开腹采集膀胱。本章介绍用剥皮方法将阴道、子宫、膀胱从骨盆口拉出，该方法快捷、干净。

二、解剖基础

雌鼠膀胱（图 32.1）位于腹腔内，背靠子宫，后邻耻骨。在膀胱左、右侧各有一条输尿管进入（图 32.2），后方有尿道连接。阴道口皮肤与阴道连为一体，而尿道与阴道紧密贴附（图 32.3）。牵拉阴道时，尿道会随之被牵动，继而膀胱一起被牵拉移位。

膀胱腹面有膀胱系膜（图 32.4），纵向与腹膜壁层相连，但是极薄，很容易被拉断。

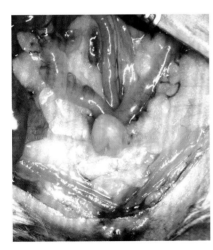

图 32.1　雌鼠膀胱

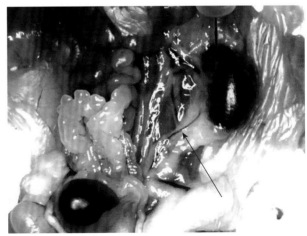

图 32.2　向左肾盂注射蓝色染料。箭头所指蓝色线条示左输尿管走行

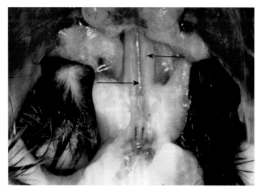 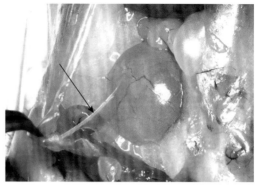

图 32.3 尿道与阴道紧密贴附。左箭头示尿道， 图 32.4 膀胱系膜，如箭头所示
右箭头示阴道

三、器械与耗材

皮肤剪；皮肤镊。

四、操作方法

雌鼠膀胱剥皮采集法见图 32.5。▶

1. 新鲜小鼠尸体浸水，打湿皮毛。

↓

2. 取仰卧位，将腹中线皮肤横向剪开 1 cm。

↓

3. 向头、尾两端撕开皮肤，皮肤会在腰部断开，并可听到皮肤断开的响声。

↓

4. 将向尾侧拉的皮肤翻卷，毛在内，浅筋膜翻向外，拉到双后肢膝关节处。

↓

5. 此时可见阴道和尿道随着尿道口
和阴道口的皮肤被从体内拉出。

↓

6. 膀胱随尿道被拉出体外。

↓

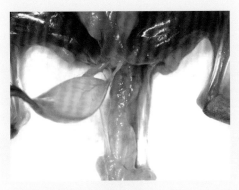

7. 剪断尿道和输尿管，不用开腹，就可以
直接采集膀胱。

图 32.5　雌鼠膀胱剥皮采集法

操作讨论

　　小鼠尸体中的膀胱不一定存尿，当牵拉
出骨盆口的膀胱无尿时，需要进行仔细辨别。
如图 32.6，两把镊子夹持的是尿液排空后的
膀胱。

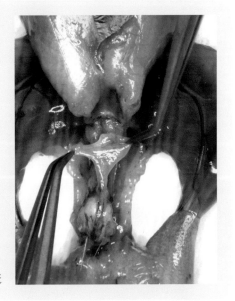

图 32.6　尿液排空后的膀胱

第 33 章
尿道球腺采集

一、背景

　　雄鼠尿道球腺位置较深，传统手术暴露方法是从腹面进入，需要开腹，切断耻骨，分离肌肉，操作比较烦琐。采取专业的小鼠背面暴露方法，采集尿道球腺要简单方便得多。本章介绍背面暴露尿道球腺采集法。

二、解剖基础

　　雄鼠尿道球腺（图 33.1）位于坐骨海绵体肌背面，左、右各一。

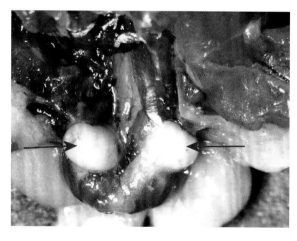

图 33.1　尿道球腺，如箭头所示

三、器械与耗材

　　皮肤剪；皮肤镊。

四、操作方法

背面暴露尿道球腺采集法见图33.2。▶

1. 雄鼠新鲜尸体浸水，打湿皮毛。
↓

2. 剪去肛门。→

3. 在皮肤腰部背中线处横向剪开1 cm。↓

4. 向前、后两侧撕皮。→

5. 将前端皮肤翻转盖住头部，后端快速撕断皮肤。皮肤会在踝部和近尾根部被撕断，如图所示。↓

6. 右手捏住双后肢，左手中指抵住腰部，食指和拇指捏住尾巴向前上撕尾，抵达腰椎。→

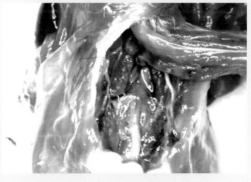

7. 将尾拉向一侧，暴露腹腔后壁。↓

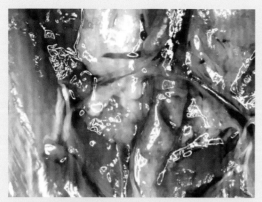 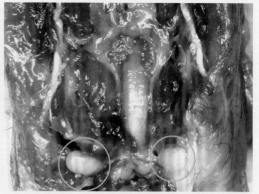

8. 暴露直肠。→

9. 切除直肠，即可暴露左、右尿道球腺，此时可以直接采集。绿圈示尿道球腺。

图 33.2 背面暴露尿道球腺采集法

操作讨论

切除直肠时，注意保持术区清洁。

第34章
精浆棒采集

一、背景

雄鼠精液采集量化过程中普遍存在一个遗漏：在尸体精浆采集时一般计算双侧精囊内的精浆，遗漏了尿道内的精浆。小鼠的尿道膜部非常宽大，死亡时有大量精浆进入尿道，在数十分钟后凝固成一个特有的形态，笔者将其命名为"精浆棒"。这是量化过程中不可遗漏的标本。

本章介绍从腹部和背部采集精浆棒的方法。

二、解剖基础

雄鼠腹腔内左、右各有一个巨大的精囊（图 34.1，图 34.2），呈结节状弯曲，为储存精浆的囊性器官。

精囊管（图 34.3）是连接精囊和尿道的通道，从尿道近端进入尿道。小鼠尿道（图 34.4，图 34.5）从近向远分为三个部分：膜部、膈部和阴茎部。从腹腔背面可以清楚地观察到精囊管进入尿道膜部（图 34.6，图 34.7）。尿道膜部长约6 mm。

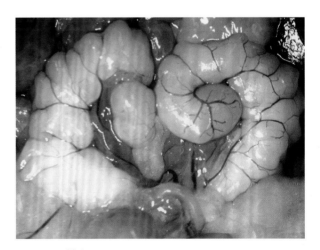

图 34.1 精囊

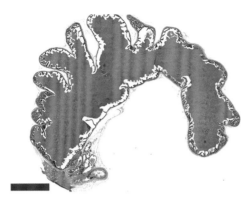

图 34.2 精囊组织切片，H-E 染色

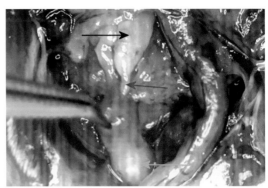

图 34.3 腹腔背面，黑箭头示精囊，蓝箭头示精囊管，绿箭头示尿道膜部

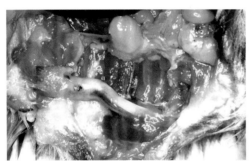

图 34.4 小鼠体内暴露的尿道

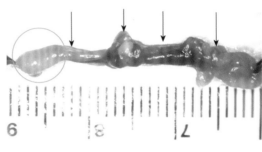

图 34.5 体外展示尿道全长。箭头从左至右示阴茎部、膈部、膜部和膀胱。绿圈示阴茎头

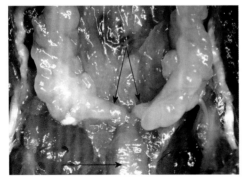

图 34.6 精囊管是连接精囊和尿道的通道。上双箭头示精囊管。下箭头示尿道膜部

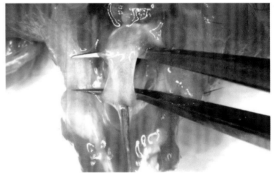

图 34.7 尿道膜部背面观。镊子挑起尿道膜部

三、器械与耗材

显微剪；显微镊；尖镊。

四、操作方法

（一）腹部进路精浆棒采集法（图 34.8）▶

1. 取新鲜小鼠尸体（死后 0.5～2 小时）。
↓

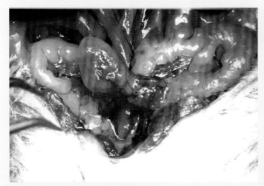

2. 开腹暴露后腹部。→

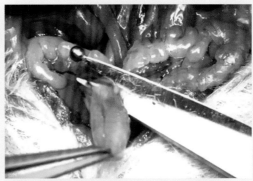

3. 剪除膀胱。↓

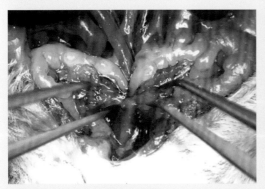

4. 用显微镊分离软组织，暴露耻骨。→

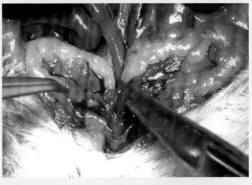

5. 剪除中部 1 mm 宽耻骨，暴露尿道膜部。↓

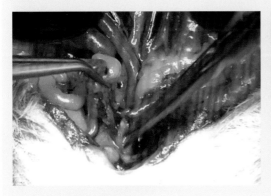

6. 剪开尿道膜部近端。→

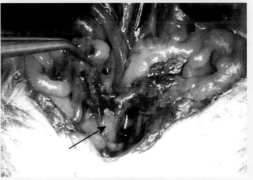

7. 暴露尿道内的固态精浆棒头端，如箭头所示。
↓

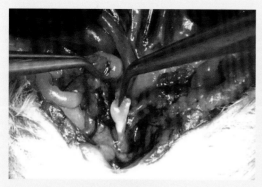

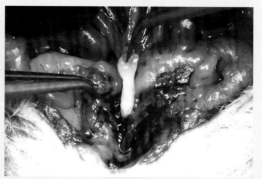

8. 用尖镊夹住精浆棒头端。→

9. 将精浆棒向上拉，直至全部拉出尿道。

图 34.8　腹部进路精浆棒采集法

（二）背部进路精浆棒采集法（图 34.9）▶

1. 取新鲜小鼠尸体（死后 0.5～2 小时）。
↓

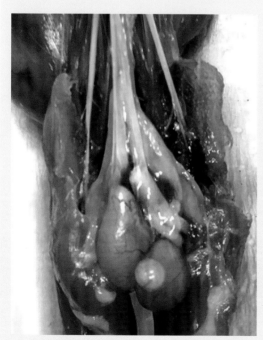

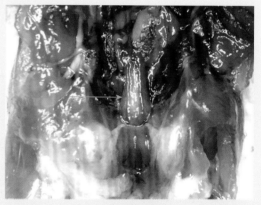

3. 在背面，由于没有膀胱和耻骨的遮蔽，剪除直肠后即可暴露尿道膜部，如箭头所示。↓

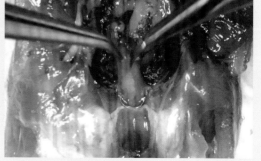

2. 以撕尾方法暴露骶骨部后腹壁区 22 。图示尾部被撕起。→

4. 剪开尿道膜部近端。↓

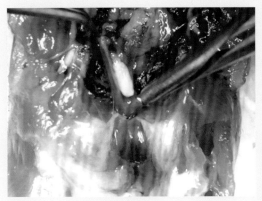 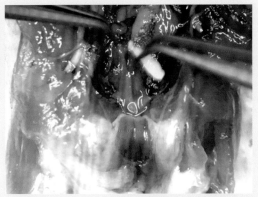

5. 一直剪到尿道膜部远端。→　　　6. 夹出精浆棒。↓

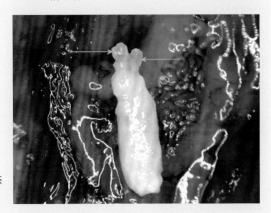

7. 右图为采集的精浆棒。可见双侧的精囊管形态
和尿道膜部形态。箭头示精囊管形态部分。

图 34.9　背部进路精浆棒采集法

操作讨论

（1）小鼠刚死亡时，精液尚未凝固，无法采集到固态精液。

（2）精囊内也有固态精浆块，但是剪开精囊时，多会损毁精浆块的形态。

（3）撕尾可以暴露腹腔后部，拉起直肠即可见尿道膜部，较从腹面开腹，剪开
耻骨更方便快捷些。

（4）撕尾暴露后腹壁时，精囊存在于腹腔内，只有精囊管暴露在尿道近端。

第 35 章
淋巴结采集

一、背景

小鼠淋巴结采集是实验常见内容。小鼠全身 20 多处主要淋巴结，约有 3/4 为双侧分布。由于小鼠体形小，淋巴结也相对较小，直径 0.5～2 mm 不等，多呈球形或椭圆形，表面光滑。最大的是肠系膜淋巴结，呈香肠状，长度可达 1 cm 以上。

淋巴结采集方式有两种：活体采集和尸体采集。活体采集一般遵循手术方法，就近暴露待采集的淋巴结。

实验中更多采用尸体淋巴结采集，可同时采集多个部位的淋巴结，甚至全身的主要淋巴结。根据淋巴结的分布，主要用三种采集方法：

① 剥皮法：采集位于浅筋膜的淋巴结或表浅淋巴结。② 撕尾法：采集位于腹膜后淋巴结、纵隔淋巴结。③ 手术法：采集深部淋巴结。具体淋巴结的采集不限定于某一种方法。

二、解剖基础

小鼠主要淋巴结位置见图 35.1。颈部淋巴结主要有下颌淋巴结、副下颌淋巴结、腮腺淋巴结、颈浅淋巴结。

四肢有腋窝淋巴结、副腋窝淋巴结、前肢淋巴结、腹股沟淋巴结。对于这类表浅淋巴结，常采用剥皮采集。

腹膜背淋巴结包括肾淋巴结、腰淋巴结、髂淋巴结和尾淋巴结等，手术开腹后需要清理腹腔脏器才可找到。但是通过撕尾，从背面暴露腹膜背间隙，这些淋巴结没有腹腔脏器遮盖，很容易被找到。

可以通过撕尾延伸到胸部背面可暴露纵隔后淋巴结和支气管淋巴结。

　　腹腔内淋巴结包括胰十二指肠淋巴结、结肠淋巴结、空肠淋巴结、派尔集合淋巴结、肠系膜淋巴结、胃淋巴结等。

　　腹腔外有颈深淋巴结、坐骨淋巴结和腘淋巴结等。

　　腹腔内和深层肌肉间的淋巴结多用手术方法采集。

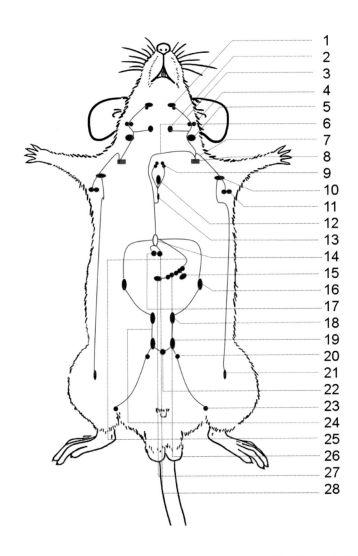

1. 下颌淋巴结和副下颌淋巴结；2. 颈深淋巴结；3. 颈干；4. 腮腺淋巴结；5. 颈浅淋巴结；6. 胸导管；7. 锁骨下干；8. 左静脉角；9. 纵隔前淋巴结；10. 前肢淋巴结；11. 腋窝淋巴结和副腋窝淋巴结；12. 支气管淋巴结；13. 纵隔后淋巴结；14. 乳糜池；15. 结肠淋巴结；16. 肾淋巴结；17. 胃淋巴结；18. 腰淋巴结；19. 髂淋巴结；20. 坐骨淋巴结；21. 腹股沟淋巴结；22. 尾淋巴结；23. 腘淋巴结；24. 腰干；25. 肠干；26. 肠系膜淋巴结；27. 空肠淋巴结；28. 胰十二指肠淋巴结

图 35.1　小鼠主要淋巴结位置（示意）

三、器械与耗材

尖镊；直剪；棉签。

四、操作方法

（一）淋巴结剥皮采集法（图 35.2）

1. 新鲜小鼠尸体浸水，打湿皮毛。

↓

2. 于腹中部将皮肤横行剪开 1 cm。

↓

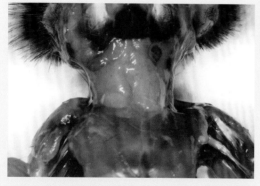

3. 向头侧撕开皮肤，使之向上翻卷，覆盖头部，露出腋下、颈部和前肢。→

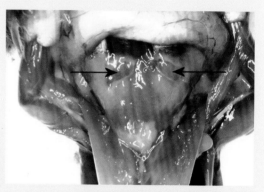

4. 下颌淋巴结：颌下腺前端表面暴露的是下颌淋巴结，左、右各一，如箭头所示。用两把尖镊撕开下颌淋巴结表面筋膜，摘取淋巴结。↓

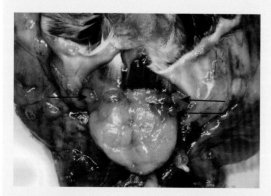

5. 副下颌淋巴结：进一步分离颌下腺筋膜，在下颌淋巴结旁边，还可以找到较小的副下颌淋巴结，如箭头所示。→

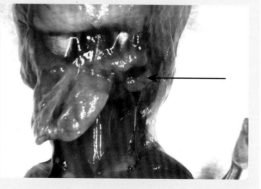

6. 腮腺淋巴结：分离颌下腺两侧的脂肪，副下颌淋巴结外侧、腮腺后方找出腮腺淋巴结，如箭头所示。↓

7. 颈浅淋巴结：位于颈外静脉远端，面前静脉和面后静脉的夹角处。如箭头所示。→

8. 颈深淋巴结：左、右各　　。分离胸骨乳突肌和胸骨舌骨肌，在胸骨舌骨肌外侧，可见颈深淋巴结。↓

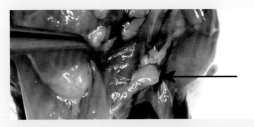

9. 腋窝淋巴结：皮肤翻上头部，前肢自然靠拢头部，腋窝暴露。将胸大肌拉起，稍微分离浅筋膜即可看到，如箭头所示。→

10. 副腋窝淋巴结：继续分离结缔组织，可以在紧邻腋窝淋巴结的位置找到副腋窝淋巴结。后者较前者略小，如箭头所示。↓

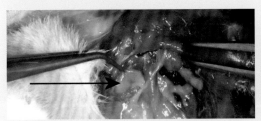

11. 前肢淋巴结：在前肢内侧近腋窝处可以找到，如箭头所示。→

12. 用染料注射法寻找前肢淋巴结的方法：在前爪皮下注射染料，很快就可以看到前肢淋巴管和前肢淋巴结。图中左侧没有被染色的是前肢淋巴结，蓝染的是前肢淋巴结。↓

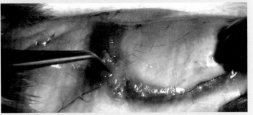

13. 腹股沟淋巴结：皮肤向后剥，在后腹部两侧的皮肤上可见腹侧脂肪垫。→

14. 撕开中部脂肪最厚处，可见腹股沟淋巴结。躯干两侧各有一条皮下侧淋巴管将腹股沟淋巴结与腋窝淋巴结相连。

图 35.2　淋巴结剥皮采集法

（二）淋巴结撕尾采集法（图 35.3）

1. 新鲜小鼠尸体浸水，打湿皮毛。
↓

2. 取仰卧位，剪除尿道、肛门和阴道处的皮肤。
↓

3. 取俯卧位，在腰椎和胸椎交界处将背部皮肤横向剪开 1 cm。
↓

4. 向尾侧撕开皮肤，在双踝和尾根约 1 cm 处撕断后半身皮肤。
↓

5. 同时向头侧撕开皮肤，于前肢肘部撕断皮肤，于耳根部位剪断皮肤，暴露除头部、尾部和四肢远端之外的躯体。
↓

6. 小鼠俯卧，操作者右手抓住双后爪，左手抓住尾巴中部，将尾巴提起，向头侧牵拉。
↓

7. 撕开腰肌和臀大肌，暴露腹膜背间隙。
↓

8. 剪断胸椎两侧肋骨和部分横膈肌，继续向前撕起胸椎，暴露胸腔后面。
↓

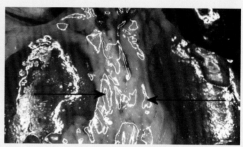

10. 肾淋巴结：此时在两肾内侧浅筋膜内、腹膜外，可见一对肾淋巴结，如箭头所示。↓

9. 用两支棉签向左、右推挤，撑开髂骨，充分暴露腹膜背间隙。→

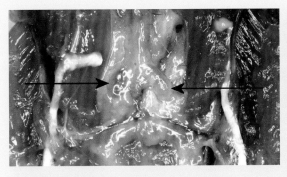

11. 髂淋巴结：髂总动脉和腹主动脉的夹角部位，左、右各有一个较大的椭圆形淋巴结，如箭头所示。左图为背面观。右图为腹面观，注射染料后可见淋巴管。↓

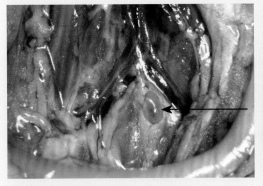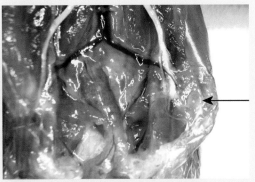

12. 尾淋巴结：左、右髂总动脉夹角内，可见一个椭圆形淋巴结。→

13. 坐骨淋巴结：撕尾分离骶椎时，可在髂骨和臀肌之间看到坐骨淋巴结。箭头示右坐骨淋巴结。↓

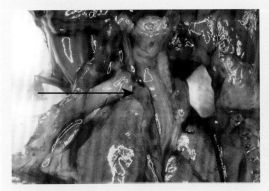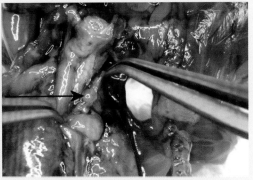

14. 纵隔淋巴结：较大，呈长椭圆形，位于纵隔一侧前端。从背面翻起胸廓，充分暴露胸腔和纵隔，可见此淋巴结，如箭头所示。→

15. 气管淋巴结：在纵隔淋巴结腹侧，不止一个，形体较小，如箭头所示。

图 35.3 淋巴结撕尾采集法

（三）淋巴结手术采集法（图35.4)

1. 小鼠常规开腹
↓

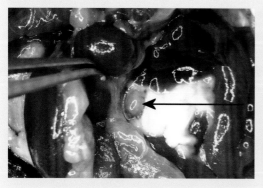

2. 胰十二指肠淋巴结：开腹暴露胰腺，可以在靠近十二指肠的胰腺表面看到淋巴结，呈中等大小，如箭头所示。→

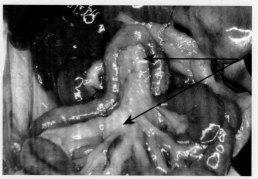

3. 肠系膜淋巴结▶：位于肠系膜脂肪内，呈香肠状，可长达 1 cm，如箭头所示。↓

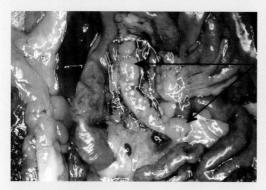

4. 经常看到肠系膜淋巴结表面有多个白色斑点。图为剥离出的肠系膜淋巴结。→

5. 胃淋巴结位于食道入胃处附近。↓

6. 派尔集合淋巴结：位于肠壁表面，呈泡状，如红圈所示。→

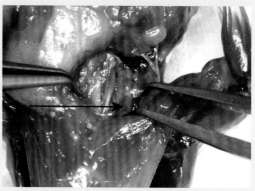

7. 颈深淋巴结：位于胸骨乳突肌深面，颈内静脉外侧。向外侧拉开胸骨乳突肌，即可见到此淋巴结。↓

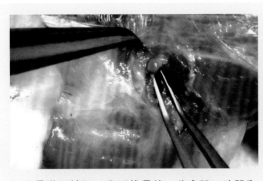 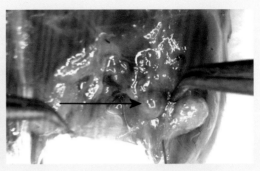

8. 坐骨淋巴结▶：靠近椎骨处，分离股二头肌和臀大肌，深处可见坐骨淋巴结。这个方法适于活体采集。尸体采集坐骨淋巴结用撕尾法更快捷。→

9. 腘淋巴结：小鼠俯卧。撕开股二头肌后缘，在腓肠肌表面的脂肪中可以找到腘窝淋巴结，如箭头所示。

图 35.4　淋巴结手术采集法

操作讨论

（1）找不到淋巴结的原因有：

① 对淋巴结解剖不熟悉。

② 分离脂肪组织时，破坏淋巴结，致使结构混淆。

（2）解决措施：仔细辨认淋巴结（图 35.5，图 35.6）；不要用镊子直接夹持淋巴结。淋巴结呈椭圆形，表面光洁，略显透明；多为淡黄色，也有咖啡色或红色，亦可见部分白色，部分红色，或血色斑点。

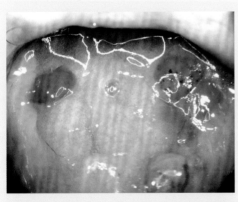 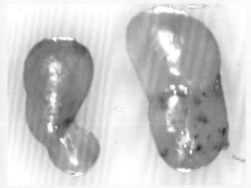

图 35.5　淋巴结。左上为较暗颜色的淋巴结。右上为有红色斑点的淋巴结。右下的腮腺淋巴结可见明显的血管进入

图 35.6　取出的下颌淋巴结。右侧淋巴结可见红色斑点

（3）淋巴结表面污染：多为碎毛污染。暴露颈部时，不要从颈部切开皮肤。从胸腹部切开皮肤后，用剥皮的方法将毛皮整个向头端翻转上拉，可以免除碎毛的污染。

附: 表 35.1　主要淋巴结

名称	部位	暴露方法
下颌淋巴结	下颌腺前端外侧	剥皮 / 手术
副下颌淋巴结	下颌淋巴结外侧	剥皮 / 手术
腮腺淋巴结	副下颌淋巴结外侧	剥皮 / 手术
颈浅淋巴结	颈外静脉远端表面	剥皮 / 手术
颈深淋巴结	胸骨乳突肌与颈总动脉之间	手术
支气管淋巴结	气管右侧, 近支气管处	撕尾 / 手术
纵隔淋巴结	纵隔前和纵隔后各一	撕尾 / 手术
腋窝淋巴结	腋窝	撕皮 / 手术
副腋窝淋巴结	紧靠腋窝淋巴结	撕皮 / 手术
前肢淋巴结	上臂内侧皮下	撕皮 / 手术
胰十二指肠淋巴结	胰腺表面	手术
胃淋巴结	胃小弯	手术
肾淋巴结	腹膜背间隙, 肾与腹主动脉之间, 肾门前	撕尾 / 手术
派尔集合淋巴结	肠浆膜下	手术
肠系膜淋巴结	肠系膜脂肪内	手术
空肠淋巴结	空肠肠系膜内	手术
结肠淋巴结	结肠肠系膜内	手术
髂淋巴结	腹膜背间隙, 髂总动脉和腹主动脉夹角	撕尾 / 手术
尾淋巴结	腹膜背间隙, 左、右髂总动脉夹角	撕尾 / 手术
坐骨淋巴结	股二头肌和臀大肌之间	撕尾 / 手术
腘淋巴结	腘窝内	手术
腹股沟淋巴结	后腹部两侧皮下脂肪垫中部	剥皮 / 手术
腰淋巴结	腹膜背间隙, 腰椎腹侧。	撕尾 / 手术

采血

第四篇

第 36 章

小鼠采血方法选择

常用的小鼠采血方法有多种，可根据不同的样本要求，选择不同的方法，这些方法在实际应用中各有优缺点。

一、各种采血方法的优缺点

（1）穿过皮肤刺破血管采血的方法虽简单快速，但是不能确保采集动脉血或静脉血，而且刺破皮肤后，血液流出易被皮肤、体毛等污染，成为不干净的血样。这种方法的采血部位包括大多数面部血管、隐动静脉、尾中动静脉、尾侧动静脉等处。

（2）撕断血管，令血液外流的采血方法，技术要求低，采血量大，但是无法保证血样的洁净。如摘眼球采血。

（3）针吸采血，可以保证血样洁净，但是技术要求高。如在心脏、后腔静脉、腹主动脉、颈外静脉、颈总动脉等处的采血。

（4）血管内置导管的方法，虽然操作烦琐，但血样的质量可以得到保证。尤其是需要在多个时间点采血时，其血样损伤极小。例如，代谢笼内电脑控制的颈外静脉置管采血。

（5）切断组织器官采血，例如，断尾、断颈等，方法最为简单，但血样成分最为复杂，其中包括动脉血和静脉血，还掺杂了淋巴液或其他可能的体液。

二、各种采血方法的比较

表 36.1 介绍了不同部位的 25 种采血方法的特点，得到的血样的血液成分、纯净度等各有不同，具体方法请参见相关章节。

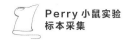
表36.1 25种采血方法的特点

血管 / 器官	操作	血液成分	纯净度	采血量	麻醉等级	首选	备注
眼眶静脉窦	刺破结膜	静脉血	纯净	大	浅 / 无	最大量采血	左、右眼轮换
眼眶静脉窦	刺破皮肤	静脉血	非纯净	大	浅	一次分采	多次，量可控
眼动静脉	摘眼球	混合血	非纯净	大	深	最简工具	终末实验
舌下静脉	血管切开	静脉血	非纯净	中	中		功能测试
面后静脉	穿刺	静脉血	非纯净	中	无		
颞浅动静脉	穿刺	混合血	非纯净	中	无	中等量多次采血，双侧9个部位	左、右侧轮换
咬肌动静脉	穿刺	混合血	非纯净	中	无		
下颌动静脉	穿刺	混合血	非纯净	中	无		
触须静脉窦	穿刺	静脉血	非纯净	小	无		新方法
舌静脉桥	穿刺	静脉血	非纯净	小	无		新方法
颈总动脉	插管 / 针吸	动脉血	纯净	大	中		单侧
颈外静脉	插管 / 针吸	静脉血	纯净	大	中	代谢血样	长期置管
颈	断颈	混合血	非纯净	大	深		不推荐
左心室	针吸	动脉血	纯净	大	中		终末实验
右心室	针吸	静脉血	纯净	大	中	大量采血	终末实验
后腔静脉	针吸 / 插管	静脉血	纯净	大	中		一次
腹主动脉	针吸 / 插管	动脉血	纯净	大	中		终末实验
门静脉	针吸 / 插管	静脉血	纯净	大	中	消化道血样	可双向采血
股动脉	针吸 / 插管	动脉血	纯净	大	中		一次
股静脉	插管 / 针吸	静脉血	纯净	大	中		一次
隐静脉	针吸	静脉血	纯净	中	中		一次
隐动静脉	穿刺	混合血	非纯净	中	无		备皮，干燥皮表
尾中动静脉	穿刺	动脉血为主	非纯净	小	无		由远及近，加热
尾侧动静脉	穿刺	静脉血为主	非纯净	小	无	小量多次	保持原针孔采血，加热
尾尖	切断	混合血	非纯净	小	无	最低技术要求	由远及近，烧烙止血

三、采血原则

小鼠采血建议遵循 10 个原则：

（1）表浅血管穿刺采血，只限于非纯净血样。

（2）心脏和大动脉采血用于终末实验。

（3）非终末实验，尽量减小采血造成的机体损伤。

（4）多次采血，小鼠需要身体恢复时间。有些血管可行两侧轮换采血，限制每次采血量。

（5）残酷采血必须深麻醉，例如断颈、摘眼球。这些残酷方法除了操作简单、采血量大以外，没有其他特殊长处，不推荐采用。

（6）需要最大量采血，要争取延长小鼠心脏有效工作时间，使更多血液进入外周循环，同时防止凝血。

（7）若使用抗凝剂，需第一时间令血液接触抗凝剂。

（8）功能采血，要选择特殊的采血方式，例如，测试出凝血功能，必须避免和减小损伤血管内皮。

（9）普通采血操作力争简洁，避免溶血。

（10）需要麻醉的采血，首选异氟烷吸入麻醉，便于随时调整麻醉深度，最大限度减小麻醉药物对于血样的影响。

第 37 章

眼眶静脉窦采血概论

一、背景

眼眶静脉窦是小鼠最大的表浅静脉窦。该部位最流行的采血方法是用毛细玻璃管（以下简称"毛细管"）穿过结膜囊，刺破眼眶静脉窦采血。

二、解剖基础

（一）眼眶静脉窦

小鼠眼眶相对较浅，拉紧眼皮就能将眼球压出眼眶。眼眶内的眼球被眼肌杯、眼眶静脉窦和哈氏腺包绕。

眼肌杯由 6 条眼外肌（图 37.1）组成，分别是眼内直肌、眼外直肌、眼上直肌、眼下直肌、眼上斜肌和眼下斜肌。眼肌起自眼球巩膜，止于眼眶底。眼肌之间有筋膜相连，形成眼肌杯，将视神经、视动静脉与眼眶静脉窦相隔离。

图 37.1 眼外肌

眼眶静脉窦（图 37.2～图 37.6）围绕眼外肌，呈不规则多叶状。哈氏腺与其交错，小头从静脉窦深部游走出来，并在静脉窦外面形成大头。

眼眶静脉窦是小鼠身体表浅最大的静脉窦，其血液来自眼球后面的多支小静脉（图 37.7），

图 37.2　眼眶静脉窦前面观，可见蓝染静脉窦环绕眼球赤道后

图 37.3　眼眶静脉窦上面观，可见哈氏腺大头贴附在静脉窦外面

图 37.4　眼眶静脉窦，可见哈氏腺小头从静脉窦深部游走出来

图 37.5　哈氏腺在静脉窦外面形成大头

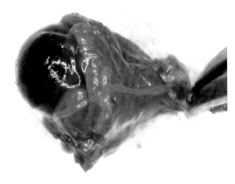

图 37.6　眼眶静脉窦侧面观，可见静脉窦包绕大部分眼球赤道后部

图 37.7　眼眶静脉窦与周围静脉以多个平行的小静脉相连

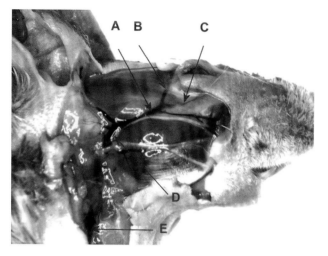

A. 颞浅静脉；B. 眶上静脉；C. 下睑静脉；D. 面后静脉；
E. 颈外静脉

图 37.8　眼眶周围静脉

并从眶上静脉、下睑静脉和内眦静脉流出，经过颞浅静脉、面后静脉最终汇入颈外静脉（图 37.8）。颈外静脉越过锁骨汇入锁骨下静脉。将颈外静脉压迫在锁骨上，可以阻滞眼眶静脉窦血液的正常流出，导致静脉窦内压增高。

（二）"采血开关"的设计

小鼠眼眶（图 37.9，图 37.10）为半骨性半肌性结构。上方由眶骨组成，下方为咀嚼肌和颞肌组成。颧弓并不构成眼眶的下半部。去除眼眶内的全部软组织，可见眼眶呈漏斗形斜面。

眼眶底部有三叉神经（图 37.11）通过。用移液管、毛细管等碾压眶底时，如果角度偏向眼球后，很容易伤及三叉神经。

眼眶的下半部由肌肉组成。针头可由皮肤、肌间隙穿过，抵达静脉窦。图 37.12 圆圈标记之处是颞肌和咬肌的交界部位，是设计"采血开关"的关键解剖部位 ㊶。这个穿刺部位的解剖层次从外向内是皮肤、浅筋膜、肌间深筋膜、静脉窦血管壁。经皮肤穿刺静脉窦后，血液通过穿刺通道溢出皮肤。当静脉窦内血压随着出血持续降低，与针道内阻力平衡时，溢血停止。按压颈外静脉锁骨部，阻滞血液回心，可以有效提高静脉窦内血压，针道溢血和针道内阻力平衡被打破，血液会再次由针道溢出。每次压迫颈外静脉，都

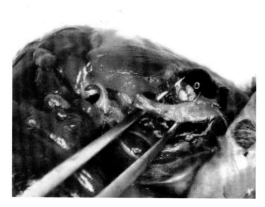

图 37.9　眼眶，图中镊子穿过颧弓下方

图 37.10　眼眶，提起眼球，暴露眶骨

可以打开溢血阀门，直至静脉窦内血压无法超过针道内阻力为止。

　　"采血开关"技术，针头从外眦部进针，如图 37.13 红圈所示。从皮肤进针的角度和深度要严格掌控。

（三）眼眶静脉窦采血位置

图 37.11　眼眶底部三叉神经，如箭头所示　　图 37.12　"采血开关"技术位点

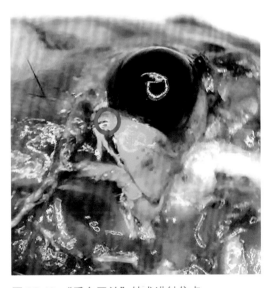

图 37.13　"采血开关"技术进针位点

　　眼眶静脉窦采血位置见图 37.14。在采血时，穿刺结膜囊进入眼眶静脉窦，比穿刺皮肤更常用，前者的穿刺通道中没有皮肤和深筋膜的阻力。不过初学者行结膜囊穿刺采血时，常在拔出毛细管或移液枪头后出现大量出血。结膜囊穿刺采血的技术要点在于采血后的止血技术，其关键是降低静脉窦内压。具体方法请参见 39 、 40 。

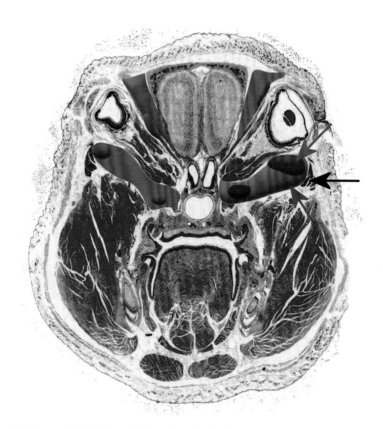

图 37.14　眼眶静脉窦位置。红箭头示静脉窦，蓝箭头示哈氏腺，黑
箭头示眶内泪腺（刘大海提供组织切片图）

　　眼眶静脉窦乳胶灌注研究显示，静脉窦紧贴眼眶内壁（图 37.15）。 所以刺穿结膜囊
时要紧贴眼眶进入，不要偏向眼球后方，以免刺入眼肌杯后损伤视神经和动静脉血管。

图 37.15　眼眶静脉窦紧贴眼眶内壁

三、器械与耗材

眼眶静脉窦采血常用工具见图 37.16。其中，移液管用于结膜囊穿刺抽血；25 G 针头＋注射器用于穿皮溢血和制作"采血开关"；29 G 针头胰岛素注射器用于结膜囊和皮肤穿刺抽血；玻璃吸管用于结膜囊穿刺引流；毛细管用于结膜囊穿刺后虹吸引流血液。

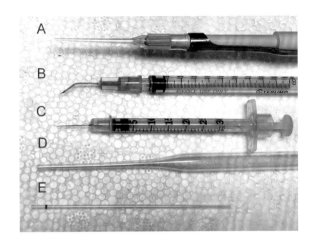

A. 移液管；B. 25 G 针头＋注射器；C. 29 G 针头胰岛素注射器；D. 玻璃吸管；E. 毛细管

图 37.16　眼眶静脉窦采血常用工具

四、操作方法

（一）眼眶静脉窦解剖操作（图 37.17）

1. 小鼠颞部去除皮肤，暴露颞肌。箭头示颞肌。→

2. 扩大暴露区，可见下方的眶外泪腺。箭头示眶外泪腺。↓

3. 去除眶外泪腺，暴露部分咬肌。箭头示咬肌。→

4. 切除部分咬肌，分开深筋膜，暴露部分哈氏腺。箭头示哈氏腺。↓

5. 进一步分离颞肌和咬肌，探查肌间隙。→

6. 两块肌肉前端暴露静脉窦。箭头示静脉窦。↓

7. 拉起颞肌，暴露更大面积的静脉窦。箭头示静脉窦。

图 37.17　眼眶静脉窦解剖操作

（二）6 种采血方法

根据实验要求，常采用（含研发的方法）的 6 种采血方法如下：

（1）毛细管刺穿结膜囊进入眼眶静脉窦引流血液（图 37.18，图 37.19）。该方法为传统方法，其优点是方便；缺点是对操作人员技术水平要求高，技术水平欠佳者在采血结束后不容易止血。

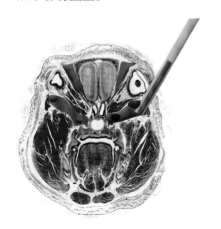

图 37.18　用毛细管刺穿结膜囊进入腹面眼眶静脉窦采血示意（刘大海提供组织切片图）

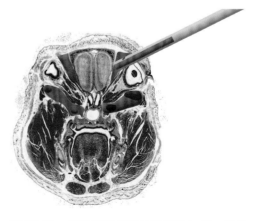

图 37.19　用毛细管刺穿结膜囊进入背面眼眶静脉窦采血示意（刘大海提供组织切片图）

（2）针头 + 注射器刺穿结膜囊进入静脉窦抽血（图 37.20）。该方法的优点是可采集洁净血；缺点是对采血技术要求高，需要准确刺入静脉窦。

（3）大容量玻璃吸管刺穿结膜囊进入静脉窦引流血液。该方法的优点是可以最大量地采集血液；缺点是小鼠需要麻醉，且为终末实验，并必须使用抗凝剂。

（4）移液枪头刺穿结膜囊进入静脉窦抽血（图 37.20）。该方法的优点是可定量采取洁净血；缺点是要求操作者技术熟练。

（5）注射针头穿过眼眶刺入静脉窦引流血液。详情参见 ④１ 。该方法的优点是能有效控制出血量，可间断采血，形成采血"开关"；缺点是血样为污染血，且小鼠需要麻醉。

（6）针头 + 注射器穿皮刺入静脉窦抽血（图 37.21）。该方法的优点是采集的血液为洁

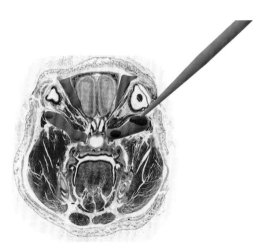

图 37.20　注射器 + 针头或移液枪头刺穿结膜囊进入眼眶静脉窦采血示意（刘大海提供组织切片图）

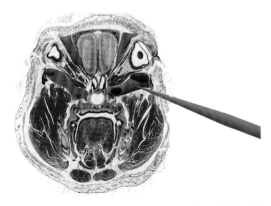

图 37.21　眼眶静脉窦采血或注射，注射器进针位置和角度示意。针头穿过皮肤进入静脉窦（刘大海提供组织切片图）

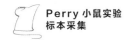
净血；缺点是技术要求高。

最常用的结膜囊穿刺采血可以进一步改进为结膜囊360°穿刺。

眼眶静脉窦采血后的止血方法：首先放开对颈外静脉的压迫。使小鼠头上位，一般拔出毛细管即可止血。一旦出血，迅速将小鼠的采血眼按在纱布上30秒，可达到止血效果。

第38章
毛细玻璃管眼眶静脉窦采血

一、背景

　　毛细管刺穿结膜囊进入眼眶静脉窦是最常用的眼眶静脉窦采血方法，适宜多次 50～100 μL 采血。该方法的优点是操作方便，无须麻醉和其他器械。血液纯净度中等。不足之处是如果操作人员技术不熟练，可导致出血失控，使小鼠损失过多的血液。

　　常用的毛细管容积约 70 μL。按照采血量的不同，本方法可分为两类：少于 70 μL 的小量采血；大于 70 μL 的大量采血。本章分别介绍这两种方法。

二、解剖基础

　　详见"第 37 章 眼眶静脉窦采血概论"。

三、器械与耗材

　　血样容器；纱布；采血专用毛细管（有肝素化毛细管和清洁管两种），长 7 cm，容积约 70 μL。

四、操作方法

　　以右眼眶静脉窦为例介绍两种采血方法。

（一）毛细管眼眶静脉窦小量采血法（图 38.1）▶

3. 当血液到达指定位置时，取小鼠头上尾下位，放开食指对锁骨处颈外静脉的压迫，同时拔出毛细管。↓

4. 将采血眼睛按压在纱布上 30 秒，以防出血。随后将小鼠放回笼中。↓

1. 左手拇指捏住小鼠右颊部皮肤向后拉紧，使右眼球突出。左手食指压迫锁骨中部，使颈外静脉回流受阻。→

2. 右手将毛细管一端刺穿结膜囊，抵达眶底后，捻转毛细管以刺入静脉窦。拔出毛细管少许，即可见血液进入毛细管。→

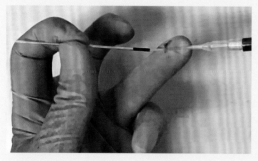 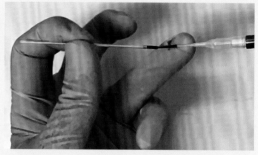

5. 用移液管将毛细管内的血液吸出。如图，左手无名指作为移液枪头支撑，以稳定地将移液枪头插入毛细管中。→

6. 移液管枪头在毛细管中迅速吸入精确的血量。▶↓

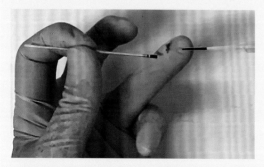

→ 7. 血液达到设定血量，迅速抽出枪头，将血液移入容器，毛细管连同残存的血液放置于专用垃圾箱中。

图 38.1　毛细管眼眶静脉窦小量采血法

（二）毛细管眼眶静脉窦大量采血法（图38.2）

1.将毛细管从中间折断，待用。
↓

2.控制小鼠方法同"毛细管眼眶静脉窦小量采血法"。
↓

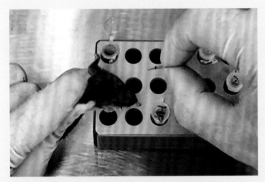 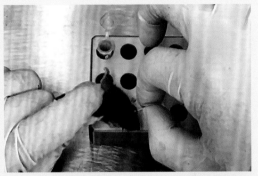

3.用半截毛细管的原始端插入小鼠眼眶。→ 　4.毛细管到达眼眶底部，旋转几次。稍拔出可见血液从毛细管中流出。↓

5.见到血液流入毛细管即可松开右手。由于管子短小，可以稳定在眼眶中。→ 　6.将毛细管折断端斜向下架在血样容器边缘。保持血液通过毛细管流入容器。↓

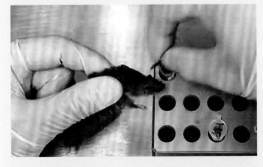

7.血样收集达到设定量时，取小鼠头上尾下位，拔出毛细管，同时放开对锁骨处颈外静脉的压迫。→

8.小鼠眼按压在纱布上30秒，防止出血。↓

9.将小鼠送返笼中。

图38.2　毛细管眼眶静脉窦大量采血法

操作讨论

（1）如果采血量大于 70 μL，则需要用毛细管引流血液进入血样容器。由于折断的毛细管轻，其原始端可以保持在静脉窦里。

（2）插管前眼球未能突出的原因：脸颊皮肤后拉程度不足。

（3）小鼠窒息死亡的原因：固定小鼠时，拿捏小鼠面部皮肤的位置偏下，向后绷得过紧，使颈部皮肤向后勒紧，且操作时间过长。正确措施：准确选取拿捏皮肤的位置，适当绷紧皮肤即可，操作迅速。

（4）血液沿玻璃管外流下，可能的原因和改进措施如下：

① 玻璃管内凝血。其原因是血流速度过慢。改进措施：如果实验允许，采用内壁肝素化毛细管；损伤静脉窦时不可过轻，要产生足够的出血速度；血流过慢时，将毛细管短暂离开眼眶，使少许空气进入毛细管，让管内的血液迅速下滴，然后再迅速插入静脉窦引流。

② 由于出血速度太快，见到有血滴聚集在毛细管上端，立刻把毛细管稍微外移，使血滴进入毛细管内流入血样容器中。

（5）毛细管插入后，未见血液流出。可能的原因如下：

① 管前端脱出静脉窦。

② 管前端没有刺破静脉窦。

（6）毛细管插入方向：靠近眼眶外壁刺穿结膜囊后，顶到眼眶侧壁，避免损伤从眼眶底部纵向穿过的三叉神经，更要避免刺入眼肌杯损伤视神经和眼动静脉。毛细管顶到眼球后侧壁，不可过力施压，以免刺穿眼眶，造成大量静脉窦血液从头侧耳孔流出。

（7）毛细管插入位置：从结膜囊 360° 的任何一点插入都可以到达静脉窦中。具体插入位置，以操作者方便为原则，本章中的插入位置在小鼠内眦偏下方，此位置要注意避开第三眼睑（图 38.3）。

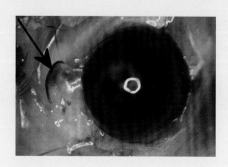

图 38.3　第三眼睑，如箭头所示

第 39 章

玻璃吸管眼眶静脉窦采血

一、背景

有些实验要求以最大量采集血液，经眼眶静脉窦采血就是一种很好的解决办法。这种方法在采血过程中对心脏没有直接损伤，对心搏出功能的阻碍也较其他方法轻。只要能尽可能地保持血液泵出体外的通路畅通，就可以比其他方法获得更大量的血液。

二、解剖基础

详见"第 37 章 眼眶静脉窦采血概论"。

三、器械与耗材

15 cm 肝素化玻璃吸管；血样容器。

四、操作方法

以右眼眶静脉窦为例介绍玻璃吸管眼眶静脉窦采血法（图 39.1）。▶

1. 小鼠常规麻醉。
↓
2. 取左侧卧位，操作者左手轻压小鼠右颈外静脉锁骨部，令右眼眶静脉窦充盈。
↓

3. 将小鼠眼睑向后拉，令右眼球突出眶外。→

4. 玻璃吸管尖端刺入内眦，抵达眼眶前壁。↓

5. 轻度旋转后稍向外拔出，即可见血液流入玻璃吸管。解除颈外静脉压迫，放平玻璃吸管。→

6. 一般采集 0.5 mL 血液后，会出现血流缓慢的现象，这时可以再度压迫颈外静脉锁骨部，促使血液加速外流。↓

7. 直至没有明显血液流出为止。→

8. 采血完毕，立即将小鼠安乐死。

图 39.1　玻璃吸管眼眶静脉窦采血法

操作讨论

（1）本方法对心脏损伤小，可以采到最大量血液。25 g 体重的小鼠，采血量可达 1.2 mL 以上。

（2）压迫颈外静脉是阻断眼眶静脉窦血液回流，提高静脉窦血压的有效方法。

（3）如果要采集定量血液，可以在玻璃吸管上做标记。

（4）若需要最大量的血液，可把麻醉的小鼠放在较高温度的保温垫上采血。注意麻醉程度不要过深。

第 40 章
移液枪眼眶静脉窦采血

一、背景

实验要求准确采集少量静脉血，可以采用移液枪穿刺结膜囊，直接定量抽取静脉血。

二、解剖基础

详见"第37章 眼眶静脉窦采血概论"。

三、器械与耗材

异氟烷麻醉系统；0.02 mL 移液枪（图 40.1）；枪头 45° 剪切，呈锐利斜面（图 40.2）；眼科用局部麻醉眼药水；滤纸。

图 40.1　0.02 mL 移液枪

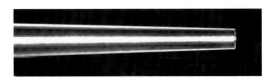 

图 40.2　枪头剪切前后的比较。左为原始枪头，右为改造后枪头

四、操作方法

以左眼眶静脉窦为例介绍移液枪眼眶静脉窦采血法（图 40.3）。▶

1. 小鼠用异氟烷吸入充分麻醉后，移出麻醉箱。
↓

2. 取右侧卧位，眼睛滴一滴眼科用局部麻醉眼药水，用滤纸吸去溢出的眼药水。
↓

3. 左手于锁骨处轻压左颈外静脉。移液枪头避开第三眼睑，从内眦刺穿结膜囊。↓

4. 以手腕轻度旋转移液枪枪头，刺破结膜囊并进入眼球后部约 2 mm，再度旋转，刺破眼眶静脉窦。→

5. 稍微向外拔出枪头，试着抽出少量血液进入枪头。↓

6. 用枪头将眼球稍微上抬，继续保持抽血，完成预定抽血量。取小鼠头上尾下位，放开手指对颈外静脉的压迫，立刻退出枪头。↓

7. 左手将术眼按压在纱布上防止出血，右手将血液推入血样容器。1 分钟后松开左手，一般可以完全止血，同时小鼠也进入苏醒过程中。

图 40.3　移液枪眼眶静脉窦采血法

操作讨论

（1）如果要预防凝血，可以事先用抗凝剂洗枪头内面。

（2）旋转枪头刺破结膜囊和静脉窦时，不如捻动毛细管方便，只能靠手腕的旋转。

第 41 章

眼眶静脉窦"采血开关"

一、背景

有些实验要求一次采集多个小量血样，且血样必须直接装入指定容器中。根据小鼠解剖特点，本章介绍专门为此设计的"采血开关"采血法。该方法利用控制颈外静脉来控制血液溢出及每次溢出量，达到多次按压、多次分量采集的目的。

二、解剖基础

详见"第 37 章 眼眶静脉窦采血概论"。

三、器械与耗材

毛细管；25 G 针头，在距尖端 3 mm 处弯曲 60°（图 41.1）。

图 41.1 尖端弯曲的针头

四、操作方法

以右眼眶静脉窦为例介绍眼眶静脉窦"采血开关"采血法（图 41.2）。▶

1. 小鼠常规麻醉，取左侧卧位。

↓

2. 左手压迫小鼠右侧颈外静脉锁骨区。

↓

3. 右手持针，于距离眼睑 3 mm 处进针。→

4. 过眶内泪腺下方，斜向眼球后方向进针 3 mm。图示弯曲部分的针头完全刺入。↓

5. 迅速拔出针头，血液即自穿刺孔溢出。→

6. 如果采血量一次不超过 50 μL，看到流出的血滴达到眼球大小，放开颈外静脉压迫，出血会立即停止。↓

7. 用毛细管迅速吸取流出的全部血液。→

8. 此时面部几乎无出血。↓

10. 到达设定量时停止压迫,出血再度停止。↓

11. 如此反复采血,总量可达 200 μL 以上。↓

12. 如果要一次采集超过 5 μL 的血量,在血滴直径为 2～3 mm 时,用毛细管接触血滴。持续压迫颈外静脉,并保持毛细管接触穿刺孔,可见毛细管内血柱不断上升。到设定量时,停止颈外静脉压迫,毛细管脱离接触穿刺孔。

9. 再度压迫颈外静脉,重新出血。可以继续采集。→

图 41.2　眼眶静脉窦"采血开关"采血法

操作讨论

（1）小鼠的眼眶与人类的不一样,并非 360° 骨性眼眶。其下方为肌性眼眶,外眦位置是颞肌和咬肌的交界处,眼眶缘有两块眶内泪腺骑跨。针头于眶内泪腺下方深处通过。

（2）通过压迫颈外静脉控制眼眶静脉窦血压。

（3）25 G 针头穿刺造成的弹性孔道,在眼眶静脉窦血压提高后（颈外静脉压迫）开放,在血压下降到不能抗衡针道阻力时（解除颈外静脉压迫）自行关闭。

（4）穿刺针头弯曲用以控制进针深度,达到刺破静脉窦,不伤及视神经和眼动静脉的目的。

（5）手法不熟练者,不宜反复使用此法采血,可以选择终末实验采血。

（6）第一次随拔针溢出的血量可能会比较多,以后依靠按压颈外静脉控制出血,每次的出血量都可以根据按压时间控制。

（7）小鼠面部不宜用酒精消毒。必须消毒时,需待酒精完全挥发后才可进针。任何水性液体在针孔附近,都会导致流出的血液不能聚集成滴,无法用毛细管采集。

（8）如果一次采血量超过 60 μL,可以选择注射器、吸管和移液枪等收集血样。

第 42 章
皮肤穿刺眼眶静脉窦采血

一、背景

实验要求洁净的中量静脉血，可以选择经皮肤穿刺，直接从眼眶静脉窦采血的方法。

二、解剖基础

详见"第 37 章 眼眶静脉窦采血概论"。

三、器械与耗材

异氟烷麻醉系统；29 G 针头 +1 mL 注射器。

四、操作方法

以右眼眶静脉窦为例介绍皮肤穿刺眼眶静脉窦采血法（图 42.1）。▶

1. 异氟烷吸入深度麻醉小鼠。
↓

2. 脱离麻醉，迅速取左侧卧位，左手轻压右颈外静脉锁骨部，令眼眶静脉窦充盈。↓

3. 注射器针头于眼眶下方 3 mm 处斜向 30° 刺入
3 mm。→

4. 抽血到设定量后，迅速拔针。↓

5. 同时放开颈外静脉的压迫。↓

6. 取下针头，将血液注入血样容器。

图 42.1 皮肤穿刺眼眶静脉窦采血法

操作讨论

（1）由于气体麻醉方便，采血操作不需要小鼠长时间处于麻醉状态，可在脱
离麻醉状态下进行。所以操作要控制在 1 分钟左右，小鼠未苏醒，采血已经完成。

（2）进针前按压锁骨部位颈外静脉，可以令同侧静脉窦更加充盈，易于成功
进针。

（3）从肌性眼眶进针，可以有效控制拔针出血的发生。

（4）注射器针头不可太大，以免过度损伤眼球后组织，并出现针孔不能完全
进入静脉窦的状况。

（5）针头刺入不可过深，进入静脉窦即可。过度刺入容易伤及眼动静脉和视
神经，甚至三叉神经。

（6）从结膜囊进针，技术要求更低，但是拔针后会有少许出血。

（7）此方法一天内不宜多次使用。最好间隔数日，且左、右眼轮换。

第 43 章
结膜囊穿刺眼眶静脉窦采血

一、背景

若实验要求洁净的中量静脉血，可以选择经眼结膜囊穿刺，直接从眼眶静脉窦采集静脉血的方法。

二、解剖基础

详见"第 37 章 眼眶静脉窦采血概论"。

三、器械与耗材

异氟烷麻醉系统；29 G 针头胰岛素注射器；眼科用局部麻醉眼药水；滤纸。

三、操作方法

以左眼眶静脉窦为例介绍结膜囊穿刺眼眶静脉窦采血法（图 43.1）。▶

1. 异氟烷吸入麻醉小鼠。
↓

2. 采血眼表面滴眼科用局部麻醉眼药水，用滤纸吸净溢出的药水。
↓

3. 取右侧卧位，左手轻压左颈外静脉锁骨部，令眼眶静脉窦充盈。→

4. 将小鼠的左眼睑向后拉，令眼球突出。↓

 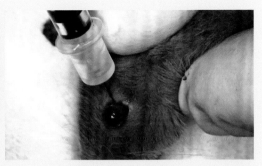

5. 用针杆将眼球向鼻侧轻拨，暴露眼眶静脉窦。→

6. 注射器针头直接刺穿结膜穹隆，进入眼眶静脉窦 1 mm 深处。↓

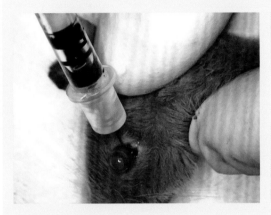 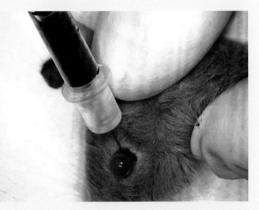

7. 缓慢匀速抽血。→

8. 血抽到设定量后，放开对颈外静脉的压迫，迅速拔针。↓

9. 如有少量出血，可以用手指推挤眼睑，压迫止血 1 分钟。

图 43.1　结膜囊穿刺眼眶静脉窦采血法

操作讨论

（1）注射器针头不可太大，以免针孔不能完全进入静脉窦。

（2）刺入不可过深，针头进入静脉窦即可。避免过度刺入，伤及眼动静脉、视神经以及三叉神经。

（3）因针头细小，抽血不可过快，以免针孔阻塞或产生溶血。

第44章

面部皮肤穿刺采血

一、背景

　　小鼠面部有多条血管通过，血管表浅，且浅筋膜层很薄，皮肤移行性小，止血容易，虽供血量不大，适于多次少量穿刺皮肤采血。采血量一般为 10～100 μL。采血时，小鼠容易控制，且针刺痛苦不大，无须麻醉。面部每侧可多次采血，左、右两侧交替进行。

　　采用皮肤穿刺采血，待血液流出来时用毛细管吸取，或直接用血样容器收集，因此，所得血样多为非洁净混合血。

二、解剖基础

　　咬肌是小鼠面部的主要肌肉之一。咬肌分为深咬肌和浅咬肌。浅咬肌（图 44.1）分为上浅咬肌和下浅咬肌。二腹肌（图 44.2）位于下颌部。

　　面部和下颌部是通过皮肤穿刺采血的主要位置，共有五处，另外，下颌中线上还有一

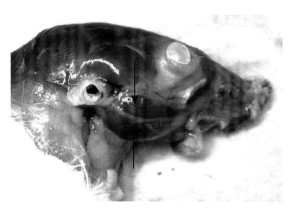

图 44.1　浅咬肌。上箭头示上浅咬肌，下箭头示下浅咬肌

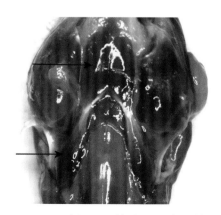

图 44.2　二腹肌。上箭头示二腹肌前腹，下箭头示二腹肌后腹

处（该处笔者命名为"舌静脉桥"）。

（1）颌外动静脉（图 44.3）。 动脉源于颈外动脉，静脉汇入颈外静脉；走行于二腹肌前腹和咬肌之间的皮下层。

（2）咬肌动静脉（图 44.3，图 44.4）。动脉源自颈外动脉，静脉汇入面后静脉；走行于前、后浅咬肌之间。

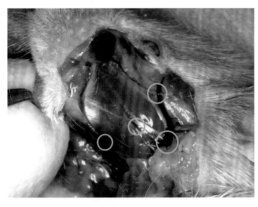

图 44.3 小鼠面部血管，如圈所示。其中，上圈示颞浅动静脉，中圈示咬肌动静脉，下左圈示颌外动静脉，下右圈示面后静脉

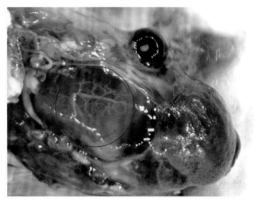

图 44.4 乳胶灌注后的咬肌静脉，如圈所示

（3）颞浅动静脉（图 44.3）。动脉源自颈外动脉，静脉汇入面后静脉；走行于咬肌和颞肌相交边缘表面。位置如图 44.5 针尖所指。

（4）面后静脉（图 44.3，图 44.6）。汇集了耳后静脉、颞浅静脉、咬肌静脉的血液，汇入颈外静脉；走行于咬肌后缘。

（5）上唇触须血窦。 触须（图 44.7）位于左、右上唇，各有 5 排。毛干长度为全身毛

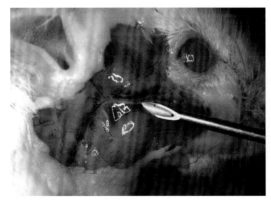

图 44.5 颞浅动静脉

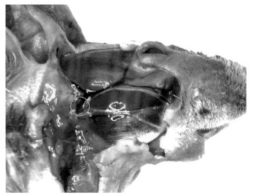

图 44.6 面后静脉，如圈所示

发之最。皮内毛囊为血窦包绕（图 44.8，
图 44.9）。

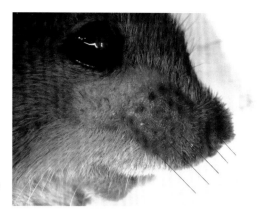

图 44.7　触须。上唇去毛后可见 5 排触须根部，
如标记线所示

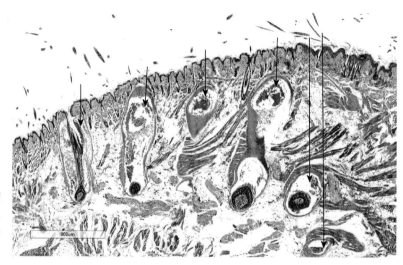

图 44.8　小鼠面部病
理切片，H–E 染色。
触须血窦如箭头所示
（辛晓明供图）

图 44.9　上唇触须血
窦大体解剖。静脉为
红色染料灌注，翻起
唇部皮肤见触须血窦，
如箭头所示

下唇触须也有血窦（图 44.10），较上唇的小。

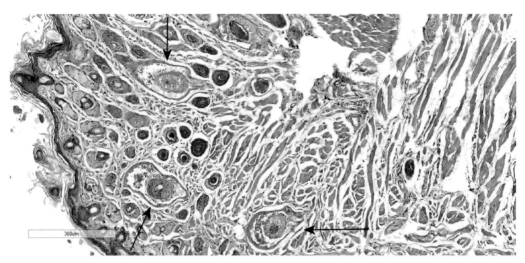

图 44.10　下唇触须血窦，如箭头所示（辛晓明供图）

（6）舌静脉桥（图 44.11）。

图 44.11　小鼠下颌血管乳胶灌注照。圈示舌静脉桥：左、右舌静脉各自向内侧发出分支，在下颌纵中线上汇合成桥状。其收集来自左、右下唇静脉从和颏下静脉的血液，分别流入左、右舌静脉

三、器械与耗材

25 G ～ 31 G 针头，或皮肤穿刺刀。

四、操作方法

小鼠面部皮肤穿刺采血操作相对较简单。小鼠无须麻醉，可以不备皮。如备皮不可弄湿皮表。操作的关键是确定位置，针刺要迅速。采血后无须长时间压迫止血。

（一）颌外动静脉采血 ▶

确认颌外动静脉的体表标记，可参考下颌斑和二腹肌内缘（图44.12～图44.14），而后采血。

（二）咬肌动静脉采血 ▶

咬肌动静脉穿刺出血量较少，并且针刺必伤及三叉神经，因此并非采血首选部位，但其优点在于位置较容易确定。

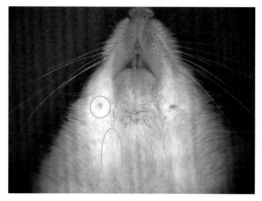

图44.12 下颌斑和二腹肌。上圈示下颌斑，下圈示二腹肌内缘

图44.13 去除体毛后的下颌斑和咬肌形态，确认下颌斑与二腹肌的相对位置。圈示二腹肌内缘

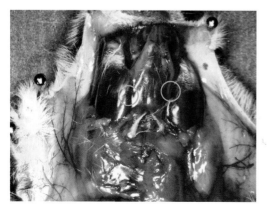

图44.14 小鼠下颌、颈前红色染料灌注照。切开皮肤观察咬肌、二腹肌与颌外静脉的位置关系。圈示颌外静脉

（三）颞浅动静脉采血 ▶

颞浅动静脉出血量较咬肌动静脉多，该部位（图44.15）多为面部针刺采血的首选。

（四）面后静脉采血 ▶

面后静脉是面部的粗大血管，是面部采血量最大的静脉。面后静脉的体表位置见图 44.16 标记。

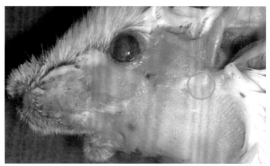

图 44.15　颞浅动静脉采血部位　　　　　图 44.16　面后静脉的体表位置，如圈所示

（五）上唇触须血窦采血[①]（图 44.17）▶

1. 小鼠麻醉，上唇剃毛。
↓

2. 将针头刺入触须毛囊 1 mm 深处，迅速拔出，随即可见血液自毛囊处成滴流出。→　　　3. 以毛细管吸取溢出的血液。如需更多血样，可按压同侧颈外静脉。

图 44.17　上唇触须血窦采血

（六）舌静脉桥采血[①] ▶

小鼠无须麻醉和局部剃毛。拉紧颈部皮肤，用 31 G 针头迅速点刺下唇中线 2 mm 深处（图 44.18）。可见有血自针孔流出，用毛细管吸取血液。用棉签压迫下唇后 1 cm 处，出血更快。终止采血时，提前数秒钟撤除对颈部皮肤的压迫即可。

————————————————

① 两种采血方法由笔者与王成稷合作开发。

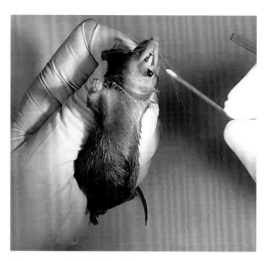

图 44.18　舌静脉桥采血

操作讨论

（1）面后动静脉采血时，若针刺损伤听泡，会有大量血液自耳孔流出。务必小心避免。

（2）面部针刺采血获取的血样是非洁净血。

（3）面部采血无须备皮，但是不可弄湿皮毛，以免溢出的血液不能形成血滴。

（4）笔者创建的触须血窦和舌静脉桥穿刺采血操作，提供了更多头面部皮肤穿刺采集静脉血方法的选择。

第 45 章

摘眼球采血

一、背景

摘眼球采血虽然采血量大，技术要求低，所需器械少，可用于对血液质量要求不高的实验，但此方法残酷，建议尽可能避免采用。该方法毕竟已经流行多年，操作技术中如何获得最大量血样，一些原则值得借鉴。在本章中，对其进行知识性介绍。

二、解剖基础

小鼠眼球的供血大部分来自眼动脉。眼动脉来自颈内动脉，血量丰富。眼动脉与视神经和眼静脉伴行，共同包裹在视神经血管鞘膜中，如图 45.1、图 45.2 所示。

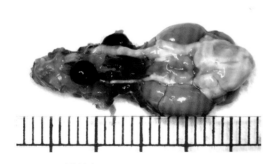

图 45.1 视神经

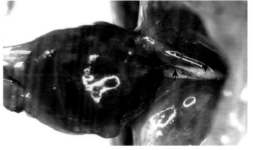

图 45.2 眼动静脉与视神经伴行的血管灌注照。左箭头示眼动脉，右箭头示视神经

视神经出颅后，行于眼球后。它富于弹性，将眼球从眼眶中拉出很长一段，视神经仍未断开（图 45.3）。摘除眼球时所带出的视神经，在放松状态下长度可达 6 mm（图 45.4）。

图 45.3　摘除眼球带出视神经

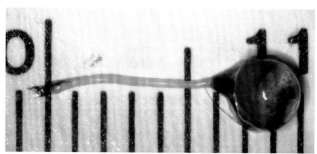

图 45.4　摘下的眼球和视神经，背景刻度单位为毫米

　　眼眶内有眼眶静脉窦（图 45.5），也是存血丰富之所。摘除眼球的过程中，眼眶静脉窦一起被牵拉破坏，其内血液也是摘眼球采得血样的一部分。

三、器械与耗材

　　弯镊；血样容器；麻醉药。

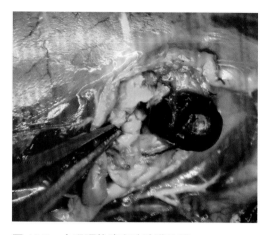

图 45.5　右眼眶静脉窦乳胶灌注照

四、操作方法

　　摘眼球采血法见图 45.6。

1. 小鼠深度麻醉。
↓

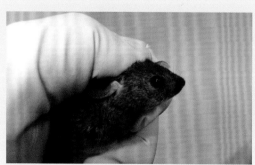

2. 左手拇指拉紧小鼠颊部皮肤，使右眼球突出眼眶外。→

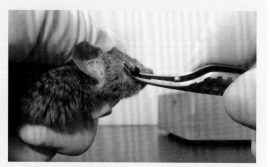

3. 用弯镊沿眼球后面下滑，夹住视神经血管索，将眼球轻轻外拉数秒。↓

4. 在血样容器上方缓慢拉断眼动静脉和视神经，摘除眼球。→

5. 血液随即自眼眶流出。将血液滴入血样容器。↓

6. 采血过程中勿使小鼠苏醒，采血后立即处死，减少小鼠痛苦。

图 45.6　摘眼球采血法

操作讨论

1. 提高采血量的方法：

（1）麻醉和操作环境保持高温状态，如 38℃，使外周血流量增加。有条件可用灯烤。

（2）尽量缩短麻醉后时间，防止血压降低。

（3）采血过程中，保持小鼠头低位。

（4）出血将停时，可用左手规律地攥紧、放松小鼠身体，这样可以多挤压出数滴血液。

（5）必要时摘除另一只眼球，可以多采集数滴血。

2. 采血少的原因：

（1）最多见于拉断眼动脉时用力过猛，眼动脉和视神经因弹性缩回眼窝，使动脉断裂处立刻被哈氏腺包裹，出血口被堵塞，导致没有任何血流出。

（2）小鼠头高位，出血量小。

（3）周围环境太冷，使小鼠体温下降，外周血流量减少。

第46章
颈外静脉采血

一、背景

　　静脉采血的方法不少，颈外静脉采血是选择之一。该方法的优点在于：① 该静脉没有动脉伴行，在不切开皮肤的情况下，可以采集到洁净的静脉血；② 采血后无须担心拔针出血。但该方法也存在缺点，如小鼠需要麻醉、局部剃毛。所以与眼眶静脉窦采血相比，还是不够方便。该方法更适于在手术中已经暴露颈外静脉的状态下进行。

　　本章分别介绍皮肤穿刺和直视下的颈外静脉穿刺采血法。

二、解剖基础

　　颈外静脉（图46.1～图46.3）粗大且位置表浅，没有动脉伴行。它走行于颌下腺外侧，越过锁骨表面，胸锁关节外侧。其越过锁骨的部分称为锁骨部。压迫锁骨部的颈外静脉，可令其明显充盈（图46.4）。颈外静脉表面有胸肌横过。确定胸锁关节位置的方法：压迫胸锁关节，可见同侧前肢有明显的内收动作。

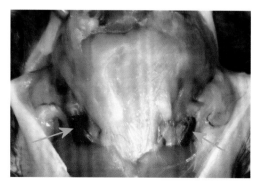

图 46.1　颈外静脉，如箭头所示

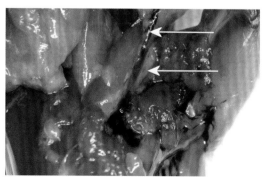

图 46.2　颈外静脉。上箭头示颈外静脉，下箭头示锁骨

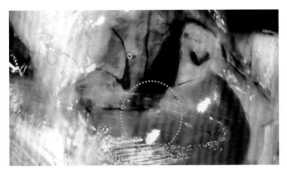

图 46.3　颈外静脉。圈示覆盖在颈外静脉上的胸肌

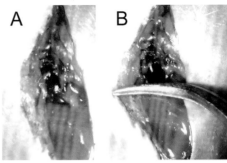

图 46.4　与没有压迫状态下的颈外静脉（A）相比，用镊子压迫颈外静脉锁骨部，可见静脉明显充盈（B）

　　备皮状态下酒精消毒局部皮肤，可令颈外静脉短时间充盈并增加血管可见度（图 46.5）。用弹力带加压更清晰可见。

三、器械与耗材

　　异氟烷麻醉系统；颈部手术板（图 46.6）；血样容器；1 mL 注射器；26 G 针头；酒精棉片；棉签。

四、操作方法

（一）皮肤穿刺颈外静脉采血法（图 46.7）▶

1. 异氟烷吸入麻醉小鼠。

↓

2. 颈部备皮，仰卧固定于颈部手术板上。

↓

3. 浅色小鼠备皮后可以透过皮肤看到颈外静脉，酒精后尤其清楚；深色小鼠难以看到颈外静脉，需要在胸锁关节外侧定位此静脉。用点击法确定胸锁关节部位。

↓

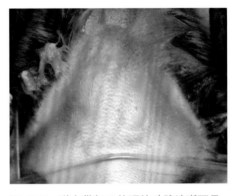

图 46.5　弹力带加压使颈外动脉清晰可见

图 46.6　颈部手术板。其主要功能结构：①上门齿固定弹力线；②后颈垫，约 1 cm 厚；③双前肢外展固定弹力线；④颈外静脉压迫弹力线，用于阻止静脉血回流

4. 弹力线压迫静脉锁骨部。

↓

5. 用针头点压法，根据皮下空虚状态，确定颈外静脉位置。

↓

6. 用酒精棉片搽颈外静脉表面皮肤。

↓

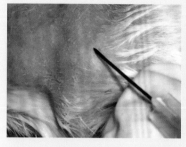

7. 立即从胸锁关节外侧，颈外静脉 8. 抽回血后，匀速缓慢抽血。↓
上面的胸肌穿刺，斜下刺入颈外静
脉。→

9. 抽血达到设定量，松开压迫颈外静脉的弹力线，棉签压迫拔针。

图 46.7　皮肤穿刺颈外静脉采血法

操作讨论

（1）经胸肌穿刺颈外静脉，是拔针后不出血的保障。

（2）穿刺胸肌的理想部位是在颈外静脉锁骨部。

（3）酒精棉片搽局部皮肤，不但有消毒功能，清晰血管形态，还可以令静脉充盈。但是充盈时间短，1分钟后会因为酒精挥发带走大量热而使静脉收缩。

（4）颈外静脉的扩张与收缩，可以使血管直径变化数倍。颈外静脉充盈，直径可达 1 mm 以上。收缩时不但直径缩小数倍，而且会完全塌陷，无法进行静脉穿刺。故穿刺前充盈静脉是必要的。

（5）充盈静脉的方法主要有酒精刺激法和阻滞静脉回流法。

（6）缓慢抽血，可以避免静脉壁塌陷过快，阻塞针孔。

（7）若抽血中血流停止进入注射器，往往是由于静脉壁塌陷阻塞针孔造成的。此时用棉签压迫锁骨部颈外静脉，进一步阻滞静脉回流，使血管充盈，再推回少许血液，即可使管壁脱离针孔。

（8）保持针孔向上，在针孔阻滞不严重时，将针头稍向下压，常常可以消除针孔阻塞。

（二）直视下颈外静脉采血法（图 46.8）

该方法适用于术中颈外静脉暴露状态。

1. 操作同"皮肤穿刺颈外静脉采血法"步骤 1～3。

↓

2. 手术暴露颈外静脉 **39** 。

↓

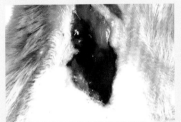  

3. 颈外静脉被暴露至少 2 mm，以便于观察针头在血管内的状况。→

4. 采血针压迫颈外静脉锁骨部，阻断血流，令其明显充盈。此时针头的针孔向上，水平刺穿胸肌，进入血管。→

5. 将静脉内的针头稍向下压，令针孔远离血管壁，开始匀速抽血。↓

6. 达到设定量后拔针。不会因拔针出血。

图 46.8　直视下颈外静脉采血法

操作讨论

（1）抽血过程中血管充盈度下降是正常现象，但是要避免抽血速度过快导致血管壁向针孔塌陷。注意保持针孔不要触及血管壁。

（2）必要时用棉签压迫颈外静脉锁骨部（图 46.9），令静脉尽量充盈，以避免继续抽血时，管壁塌陷进入针孔。

图 46.9　用棉签压迫颈外静脉锁骨部，辅助抽血

第 47 章
心脏穿刺采血

一、背景

许多实验对血样本成分没有特殊要求，能得到大量血样本就好。但是有些实验对其成分有严格要求，动脉血和静脉血不能混淆。要想获取大量洁净且动静脉血不混合的小鼠血样本，首推心脏穿刺采血法。本章介绍精准的心脏穿刺，选择性采集动静脉血液的操作方法。

二、解剖基础

心脏（图 47.1）紧贴胸骨内面，呈右上左下斜位。分为左、右心室和左、右心房。右心室壁薄，断面呈新月形；左心室壁厚，断面呈圆形（图 47.2）。仰卧水平状态下，左心室比右心室低 1～2 mm。

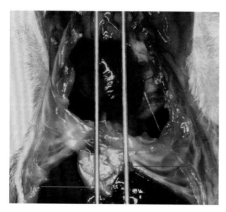

图 47.1 小鼠心脏。右心室中心点位于体正中线上；左心室中心点位于左胸肋角纵线上 ▶

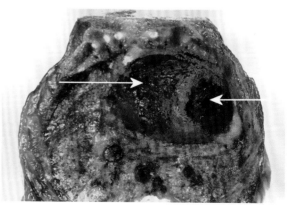

图 47.2 小鼠胸部横截面。左箭头示右心室，右箭头示左心室

三、器械与耗材

异氟烷麻醉箱；自行设计的气体麻醉面罩；心脏采血板（图 47.3）；血样容器；1 mL 注射器；25 G 针头，针长 1.6 cm；必要的抗凝剂。

图 47.3 心脏采血板

四、操作方法

（一）心脏采血板的用法

将小鼠用异氟烷麻醉箱麻醉后，转移到心脏采血板上。口鼻插入麻醉面罩，腰背卡在左、右腰固定块中间，尾根部位于边缘处（图 47.4）。

（二）注射器准备

1. 旋转针头，使针孔斜面对准针筒刻度，然后插紧。

图 47.4 固定在心脏采血板上的小鼠

2. 反复抽动数次，保证针芯能轻松滑动。

3. 针筒远端保留 0.1 mL 空气。

4. 如需加抗凝剂，要准确计算抗凝剂的用量。从针头将抗凝剂抽入针管，切忌针头内有空气残留，且勿使抗凝剂流到针筒远端。

（三）右心室采血法（图 47.5）▶

1. 异氟烷吸入麻醉小鼠，麻醉满意后移到心脏采血板上。
↓

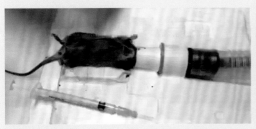

2. 小鼠取仰卧位，尾部朝向操作者，口鼻安置于气体麻醉面罩内。→

3. 操作者左手顶住小鼠下颌，右手拉尾部，将脊椎拉直。↓

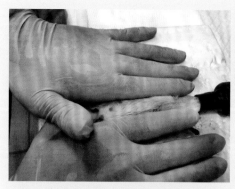

4. 双手食指从小鼠中线到两侧捋压两侧皮肤，使仰卧的身体无左、右倾斜。→

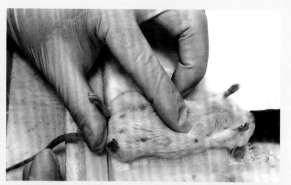

5. 左手拇指外侧缘压住小鼠尾根部。食指将前腹部肠胃稍微向后压迫，使前腹部低于剑突数毫米。↓

6. 左手食指触摸、确认剑突位置。→

7. 右手持针，针孔向上，针筒架在左手拇指内侧缘上，从剑突下贴近胸骨内壁，沿纵中线水平刺穿皮肤。↓

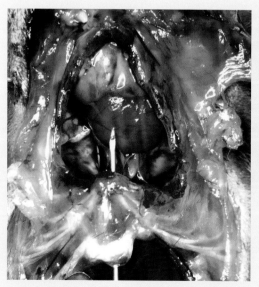

8. 进针时，针头基本贴近胸骨内壁，针尖经剑突下刺入右心室。该解剖图示进针位置。→

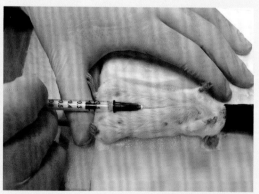

9. 进针穿透皮肤后，有阻力明显减小的感觉。此时稍作停顿，容皮肤回弹，针头会瞬间深入胸腔少许。见到血液进入针头接口即停止进针。↓

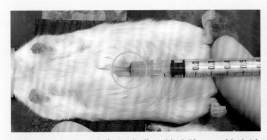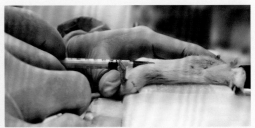

10. 如果此时还没有血液进入针头接口，针头继续深入少许，见到回血，停止进针。不可进针过深，以免将心脏对穿。图中绿圈显示注射器接口进血。→

11. 针筒平放在左手拇指上固定不动，右手食指和中指夹住注射器不动。↓

12. 见到针筒接口处跳血，立刻开始用右手拇指和无名指夹持针芯缓缓回抽。抽血的速度取决于针筒内的负压。（详见本章"操作讨论"。）↓

13. 血液抽取到设定量即停止，拔掉的针头置于规定的收集箱中。↓

14. 将血液注入血样容器。将针芯推到底，利用事先存在针筒里的 0.1 mL 空气，将残血推出注射器。↓

15. 需要抗凝的血样，迅速混匀血液和抗凝剂。勿剧烈振荡。一般将血样容器上下颠倒三次即可。

图 47.5　右心室采血法

（四）左心室采血法（图 47.6）▶

1. 操作同"右心室采血法"步骤 1～6。↓

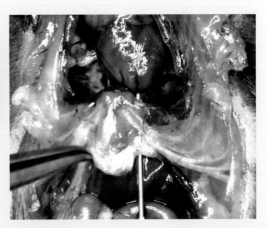

2. 进针点位于左胸肋角（剑突和左肋的夹角处），图中箭头示胸肋角，黑线示过胸肋角的纵线。→

3. 低于剑突 1 mm，沿纵轴线水平进针。图为进针示意，针尖经胸肋角刺入左心室。↓

4.针刺穿皮肤后，立即可见注射器接口进血。跳血幅度一般大于右心室采血。↓

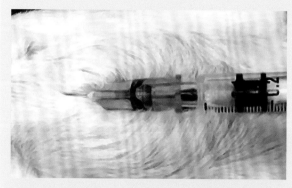

5.回抽可见血色鲜红，如图所示。有时呈喷射状进入针筒，此时可以开始抽血。抽血速度跟随针筒内负压变化。→

6.图示同时采自同一只小鼠左、右心室的血液，呈现不同颜色。上为左心室的动脉血，下为右心室的静脉血。

图47.6 左心室采血法

操作讨论

（1）工具和材料的选择。

① 注射器：常用 1 mL 一次性塑料注射器。大于 1 mL，会使负压难于控制；小于 1 mL，容量不够。

② 注射针头：25 G。过小容易导致凝血，过大易导致心室漏血。采用一次性塑料接口针头，便于观察接口跳血。

③ 用黑色小鼠采血时，对观察注射器接口跳血有干扰，这时可以在注射器接口下方贴上白色贴纸，跳血显示会清晰一些。

④ 抗凝剂：如果需要抗凝，事先把抗凝剂吸入针头备用，以便血液在第一时间与抗凝剂接触。这比将抗凝剂放在血样容器里效果更好。

（2）操作过程中的技巧。

① 进针不可过深，避免将心脏对穿。一旦对穿，血液将从针孔进入胸腔，产生胸腔积血，形成凝血块，造成采血失败。

② 回抽针芯的速度以管腔空间稳定保持在 0.2 mL 为好（0.1 mL 为负压产生的空间，0.1 mL 为原有空气体积）。由于左心室血压高于右心室，一般抽血速度略快于右心室。

③ 心脏采血的原理不是从心脏抽出血液，而是给心脏一个体外通路，让心脏

将血液泵出来。所以保持这条血液通路是采血的操作准则，尽可能维持心脏有效搏动时间是采集更多血液的重要条件。开胸采血违反这一原理，造成心脏失去泵血能力，直视下心脏穿刺，抽出来的血液来自心室和邻近的血管，所以一般不足0.2 mL。故开胸采血的方法不可取。

④ 将注射器内的血液推入容器，要事先拔下针头，以免粗糙的针头内壁损伤大量红细胞，造成溶血。如果血量不够充分，还需要针头里残存的血液，可以稍慢速度将血液从针头推出，减少溶血。

⑤ 为了混匀容器里的抗凝剂和血液，将容器翻转三次即可。剧烈振荡容易导致溶血。

（3）血液没有进入针头的原因及解决措施。

① 心脏穿刺时，没有血液进入针头，一般意味着针尖没有进入心室。原因之一：以较大的向下的斜角进针。这样进针并非绝对不能采到血液，但是必须掌握好进针点（图 47.7）、进针深度和进针角度，这三个条件都非常苛刻，任一点做得不准确，都会造成采血失败，故不推荐斜角进针。相对而言，水平进针方便且容易掌握，为进针方法的首选。

a. 进针点靠后，针头位于心脏下方   b. 进针点靠前，针头位于心脏上面

图 47.7   两种不同的进针点

② 没有紧贴剑突下进针。

③ 没有从正中线进针。

④ 小鼠濒临死亡或已经死亡，没有有效心搏出量，血液也不会进入针头。

⑤ 解决措施：避免误把食物块当作剑突，从错误位置进针。如果进针点离剑突尚远，针尖没有接触心脏，再继续深入少许。进针时避免出现上、下斜角和左、右斜角，以致针头偏离心脏。

（4）抽血中途停血的原因。

①抽血时针头移位，脱出心室。

②抽血过快，软组织进入针孔。这时应停止回抽，放开针芯，可见针芯自动返回少许，血液反而再次进入针筒。此时可以继续抽血。

③正常抽血速度也会有软组织进入针孔。若停止回抽没有帮助，可将针头稍向下压，使针孔离开软组织，即可继续抽血。

④针头凝血，常由于回抽缓慢或停止时间过长。这时需更换针头。

（5）进针手法比较。

小鼠心脏穿刺采血法有两种流行的进针角度：第一种是水平进针，如本篇所述；第二种是垂直进针，是仿效临床和大动物的心脏注射方式。

①水平进针：当针头以水平进针穿横膈膜进入胸腔，进而刺入心室时，由于针尖与心室同轴向，针尖相对容易进入心室而不刺穿对侧（图 47.8）。

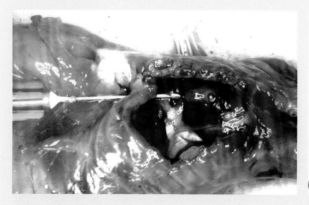

a.　　　　　　　　　　　　　　　　　　b.

图 47.8　水平进针，针尖易刺入心室。绿箭头示心室纵径长度

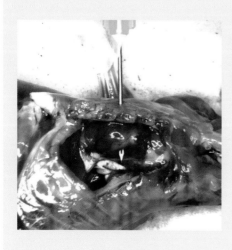

②垂直进针：心室距离体表较近，较大动物和人类常用垂直进针采血。精细解剖发现，小鼠心腔横径明显小于纵径，针头从第4肋间垂直刺入心脏。当针头准确进入胸腔内时，由于小鼠心室的横径短，针尖对穿心脏（图 47.9，图 47.10），造成心脏漏血，导致胸腔积血，故很难抽出大量的血液，因此，

图 47.9　小鼠心室的横径无法容纳针尖

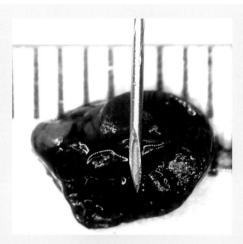

图 47.10　针尖对穿心脏

小鼠心脏穿刺采血不推荐此法。

（6）不可为之事。

① 抽血不顺利，开胸直视下刺穿心脏取血。▶

② 多次反复刺入心脏，致使心脏受到严重损伤，失去有效搏动。并且会发生积血。

③ 抽血前针管内不留空气，以致推出血液后，注射器接口内仍留过多残血。

④ 针头刺入皮肤时阻力异常大，说明针尖不够锐利，需更换针头。

⑤ 针头小于 27 G，会发生溶血。

（7）采血质量。

① 血样离心后，采血质量可通过血样颜色反映出来（图 47.11）：高质量的血样，血浆透明，呈淡黄色；低质量的血样，血浆呈粉红色；质量越差，红色越重（溶血）。

② 血样的颜色也随抽血的时间而变化，用较长时间抽出的血液颜色相对较深。

图 47.11　不同采血质量所呈现的血浆颜色

第 48 章

后腔静脉凝血功能血样采集

一、背景

采集血样的目的有多种，其中出凝血功能检测对采集的血样要求非常严苛，技术要求极高，极具挑战性。操作过程要求迅速、准确，要严格控制血样中因穿刺血管产生的组织因子的释放程度。

采血针头刺入血管，不可避免地引发内皮层下组织因子的释放。如果针头严重损伤血管内皮，将造成血样的凝血倾向不可接受地升高，导致后续检测失败。本章介绍这种血样采集中的关键技术。

二、解剖基础

小鼠静脉非常薄，其内皮层（图 48.1）极其脆弱，一旦被损伤，立即释放组织因子，启动凝血机制，形成血栓（图 48.2）。

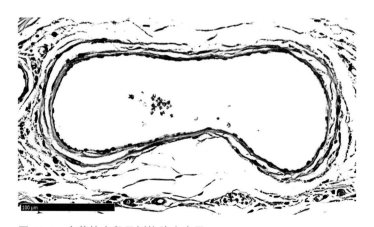

图 48.1　完整的小鼠尾侧静脉内皮层

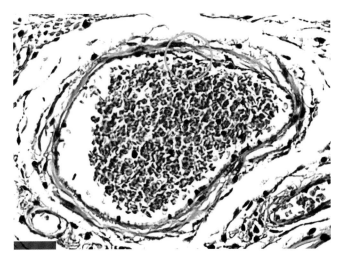

图 48.2　尾侧静脉内皮损伤，如圈所示，血管内生成血栓

后腔静脉位于腹腔腹主动脉血管神经筋膜内，与腹主动脉伴行，纵贯腹膜背间隙。汇入其中的主要分支有髂总静脉、腰静脉、髂腰静脉、肾静脉和生殖静脉等。雌鼠后腔静脉腹面在生殖静脉与髂总静脉之间没有大的静脉支汇入，为适宜进针之处（图 48.3）。

在腹膜背间隙中，后腔静脉的腹面贴附腹膜壁层，背面贴附腰肌和脊柱。小鼠仰卧开腹暴露状态下，棉签压迫针孔时，可以将后腔静脉顶在腰肌和脊柱上（图 48.4）。

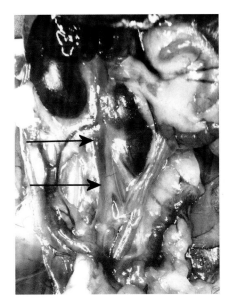

图 48.3　2 个箭头之间是适宜进针之处

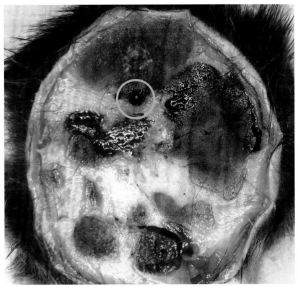

图 48.4　腹部横截面。可见左、右肾及脾、肠的截面，图上部可见腰肌，圈示后腔静脉

后腔静脉与左肾静脉分支处呈"卜"形（图 48.5），血管抗塌陷能力略好，而且有足够的进针空间。

三、器械与耗材

（1）血样容器；皮肤剪；有齿镊；二氧化碳盒；棉签。

（2）25 G 针头 +1 mL 注射器，距针尖 1 cm 处将针头向针孔侧弯曲 30°。将针头安装到注射器上时，针孔对准注射器刻度，并预先吸入 100 μL 空气。

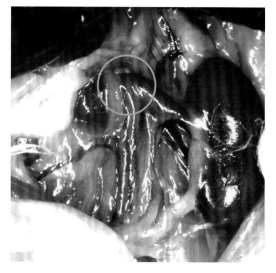

图 48.5　后腔静脉与左肾静脉分支处，如绿圈所示

四、操作方法

后腔静脉凝血功能血样采集法见图 48.6。▶

1. 采血前准备好有齿镊、皮肤剪、棉签、备有抗凝剂的注射器和弯好的针头、血样容器等。
↓

2. 将小鼠置于二氧化碳盒中安乐死，用时 45～50 秒。死亡征兆为大小便失禁、深呼吸、抽搐。
↓

3. 死亡后立即取出开始操作。
↓

4. 左手用镊子横向夹住后腹部皮肤，向上提起。→

5. 在皮肤腹中线上用剪子横向剪开 1 cm。→

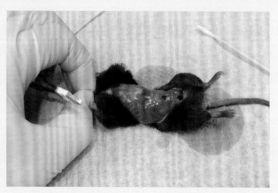

6. 以手指捏住皮肤剪口，向头尾两端撕开皮肤。↓

7. 暴露全部腹壁，翻卷前方皮肤盖住胸部。
↓

8. 左手用镊子横向夹住腹壁肌肉，向上提起。
↓

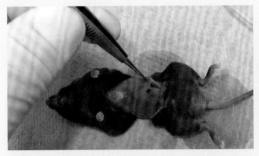

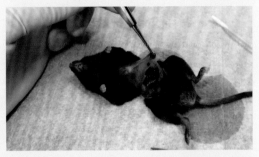

9. 右手持剪子于镊子提起的腹肌处横向剪开 1 cm，令空气进入腹腔，使肠和肝脱离腹面腹壁坠落。→

10. 用镊子继续提高剪开的腹肌，用剪子从腹壁开口分别向左、右侧腋中线剪开腹壁。↓

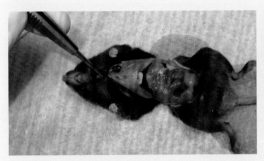

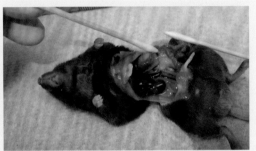

11. 用镊子继续提高剪开的腹壁，向上翻转，覆盖胸部皮肤，防止碎毛进入腹腔。→

12. 取两根棉签。用左棉签压住小鼠右侧后腹壁，用右棉签将肠向左侧翻出腹腔，完全暴露后腔静脉。↓

13. 用左手食指和拇指捏住针筒前端，露出 0.5 mL 以上的针筒刻度。↓

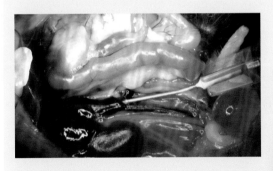

14. 以左肾静脉分支点远端 2～3 mm 处的后腔静脉为进针点。↓

15. 针孔向上，针杆平行后腔静脉，针尖下压少许，水平快速刺入静脉。→

16. 进针 2 mm，针孔到达左肾静脉的分支处。↓

17. 将针尖控制在静脉中心，针尖和针孔不可触及血管壁。左手持针筒保持不动。↓

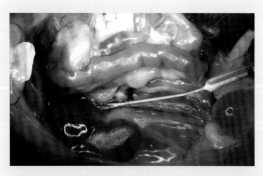

18. 右手捏针芯平缓向后抽动，保持血液匀速进入针管。速度不可过快或过慢，过慢会导致针筒内凝血。↓

19. 到达采血设定量时迅速拔针。（一般不超过 500 μL）去除针头，将血液推入血样容器。↓

20. 马上进行凝血检测。（凝血检测设备与采血在同一房间，以缩短血样传递时间。）↓

21. 从小鼠被处死从二氧化碳盒中取出，到将血液注入血样容器，采血过程共需 50 秒左右。

图 48.6　后腔静脉凝血功能血样采集法

操作讨论

（1）导致凝血时间缩短的操作失误包括：

① 针头触及静脉内皮且损伤过于严重。

② 采血时间过长。

③ 小鼠死亡时间过长。

（2）若好斗的雄鼠同笼养殖，在处死剥皮后才发现皮下出血，从这种小鼠获取的血样不可用于凝血功能测试。

（3）如果在操作程序中要求血样使用抗凝剂，需要事先从针头吸入准确剂量，并使针头内充满抗凝剂，保证血样能在第一时间接触抗凝剂。

第 49 章
门静脉采血

一、背景

门静脉采血有两种方法：顺向采血法比较方便，用于没有特殊要求的血样采集；逆向采血法用于了解消化道吸收的药物在血液循环中的初始浓度，而不是经过全身循环后的浓度。后者对于研究临床口服药物在体内的代谢有重要意义，但操作略复杂。

顺向采血包括小量采血和大量采血，前者需要顾及采血后的止血问题；后者属于终末实验，采血后对小鼠行安乐死。

本章分别介绍逆向采血、顺向小量采血和顺向大量采血三种操作方法。

二、解剖基础

门静脉（图 49.1）位于腹腔，肝右后侧。汇集的消化道血液经门静脉流入肝。小鼠仰卧体位，将肝向前推，将十二指肠由右向左翻起，可见门静脉走行于胰腺表面。

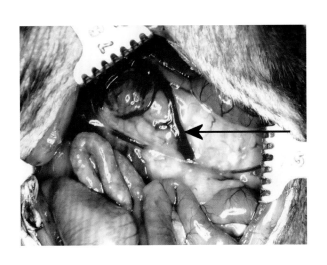

图 49.1　门静脉，如箭头所示

三、器械与耗材

（1）手术显微镜；手术板。

（2）门静脉逆向采血法：套有 PE 60 管的 22 G 针头（图 49.2），PE 60 管前端切成锐角，针头弯曲 45°。

（3）门静脉顺向小量采血法：27 G 针头 + 1 mL 注射器；平镊；棉签。

（4）门静脉顺向大量采血法：25 G 针头 + 注射器；平镊。

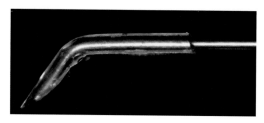

图 49.2　套有 PE 60 管的针头

四、操作方法

（一）门静脉逆向采血法（图 49.3）▶

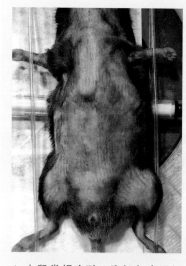

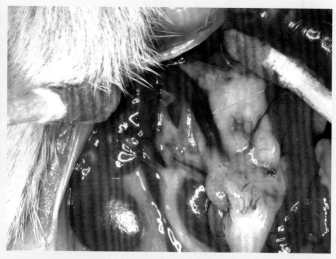

1. 小鼠常规麻醉，腹部备皮后仰卧安置在手术板上，垫高腰部。↓

2. 常规开腹 17 。→

3. 向左翻起十二指肠，暴露门静脉。箭头示门静脉。↓

4. 用棉签将胰腺及十二指肠部分向尾侧方向推，使门静脉被拉直。→

5. 将 PE 管尖头斜面向上，针尖靠近肝部位的门静脉。↓

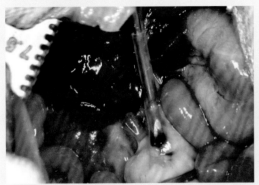

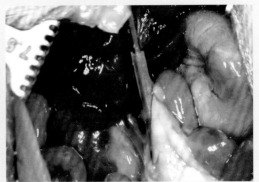

6. 针尖逆血流方向刺入门静脉。→

7. 直至针头弯曲部分完全进入门静脉。↓

8. 匀速抽吸静脉血液到设定量，拔针。→　　9. 保存血液。→　　10. 将小鼠安乐死。

图 49.3　门静脉逆向采血法

操作讨论

（1）门静脉逆向采血是为了收集来自消化道的静脉血。

（2）选用 PE 60 管，因其可以充满门静脉内径，避免肝内血液进入针头，自然不会有肝内的血液被逆向抽出。如果不用 PE 60 管，直接用针头刺入门静脉，会有血液从肝逆向流出，进入注射器（图 49.4）。

图 49.4　直接用针头刺入门静脉，导致血液从肝逆向流出

（3）用棉签牵拉门静脉比用镊子更安全。由于门静脉近端连接肝，不需要做对抗牵引。

（4）大量抽血时需要在注射器内采取抗凝措施，以防慢速长时间抽血发生血液凝固。

（二）门静脉顺向小量采血法（图 49.5）

本方法采血量不超过 100 μL。

1. 操作同"门静脉逆向采血法"步骤 1～4。
↓

2. 剪下小鼠自身脂肪一块，穿在针头上。用平镊夹住门静脉旁边的浆膜，做对抗牵引。→

3. 针头顺向刺入门静脉。↓

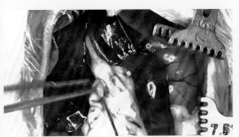

5. 抽血完毕，镊子缓慢放松，令门静脉回缩到初始状态。针头随着静脉复位而前移，仍然保持在静脉内。用镊子将脂肪块拉到针孔处。↓

4. 确认针孔末端进入门静脉至少 1 mm，开始匀速抽取血液。→

6. 用湿棉签将脂肪块压在针孔上，缓慢拔针。务必保持脂肪块不随针头移动。↓

7. 匀速拔出针头，保持棉签轻压脂肪 1 分钟。→

8. 用平镊探到棉签下，压住脂肪。↓

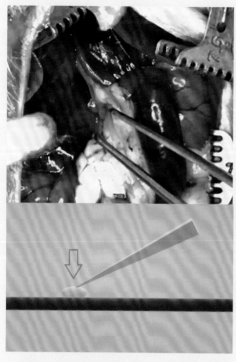 

9. 轻轻移开棉签，平镊保持压迫脂肪块。→ 　　10. 缓缓放开平镊，针孔确认没有出血，可以将十二指肠复位，关腹。

图 49.5　门静脉顺向小量采血法

（三）门静脉顺向大量采血法（图 49.6）

1. 操作同"门静脉顺向小量采血法"步骤 1～3。↓
2. 用平镊夹住距离肝 1 cm 处的门静脉旁筋膜组织做对抗牵引。↓
3. 针尖靠近平镊夹住部位的近端刺入门静脉。↓
4. 匀速抽吸静脉血液到设定量，拔针。↓
5. 保存血液。↓
6. 动物安乐死。

图 49.6　门静脉顺向大量采血法

操作讨论

门静脉大量采血后，无须止血，所以可用较大的针头。

第 50 章
隐动静脉穿刺采血

一、背景

　　隐动静脉穿刺采血，所得血样一般是隐动静脉的混合血。若实验需要少量血样，且对血样的成分、纯净度要求不高，可以选择该法。由于该法所需工具仅仅是一支注射针头和毛细管，操作方便、简单。本章介绍其具体操作过程。

二、解剖基础

　　小鼠后肢血管根据大腿、小腿和爪分为三个区域。

　　隐动脉是小腿的主要血管，起自股动脉远端，走行于小腿内侧，紧贴皮下，没有肌肉覆盖，有同名静脉伴行。隐动静脉（图 50.1，图 50.2）位置表浅，易于发现。尤其是浅色小鼠备皮，搽酒精后，其皮下走行的位置更为清晰可见。

图 50.1　隐动静脉，如箭头所示

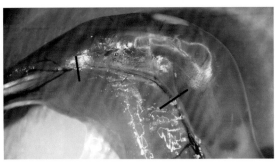

图 50.2　去除皮肤后的隐动静脉于两条标志线之间

三、器械与耗材

异氟烷气麻醉系统；毛细管；25 G 针头。

四、操作方法

以右后肢为例介绍隐动静脉穿刺采血法（图 50.3）。▶

1. 异氟烷吸入麻醉小鼠。

↓

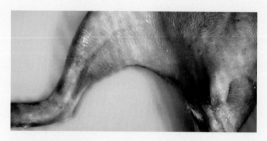

2. 后肢内侧剃毛。

↓

3. 锁定膝盖水平位置。

↓

4. 小鼠取仰侧卧，无须固定。

↓

5. 操作者左手固定小鼠身体，并拨开右后肢以暴露后肢内侧。

↓

6. 右手小指压住右后爪以固定体位，同时拇指和食指夹持注射针头。

↓

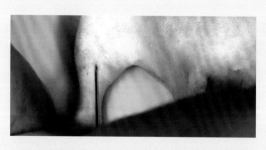

7. 对准隐动静脉，针头斜面与血管走行方向垂直。

↓

8. 穿皮刺破隐动静脉。

↓

9. 放松小鼠后肢，令血液缓慢涌出，形成血球。　10. 用毛细管接触血球，吸取血液。↓
→

11. 用纱布压迫伤口 1 分钟止血。

图 50.3　隐动静脉穿刺采血法

操作讨论

（1）做穿刺的皮肤表面不可有液体。从血管涌出的血液遇到其他液体，会立即融合弥散，无法聚成血滴，难以用毛细管采集。所以不推荐为了扩张血管或消毒，在皮肤表面搽酒精。

（2）如果不剃毛，皮肤表面可以搽油性液体，如液体石蜡，提高皮肤的透明度，使体毛倒伏粘在皮肤上，不会分散脱落，且出血容易形成血滴。

第51章
外缘静脉采血

一、背景

　　小鼠身体的表浅血管，如面部、尾部血管，以及眼眶静脉窦、隐动静脉等都是穿刺采血的良好部位。外缘静脉走行于后肢皮下，其表面皮肤非常薄，因而也是很容易做皮肤穿刺采血的部位，但是此处采血量小，很少被用及。本章介绍外缘静脉采血法，以备不时之需。

二、解剖基础

　　外缘静脉（图51.1～图51.3）在整个小腿部位都走行于皮下，收集爪背静脉血液。注意与小隐静脉相区别，小隐静脉亦在小腿后部，其近端被腓肠肌覆盖，到后肢远端才走行于皮下（图51.3）。在踝部，这两条静脉平行走行，外缘静脉靠前，小隐静脉靠后。备皮后很容易看到（图51.2）。在小腿远端腓肠肌后缘，外缘静脉越过小隐静脉表面，方向为外侧跨到后侧（图51.3）。

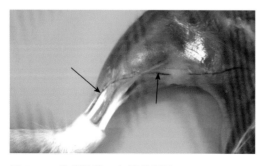

图51.1　外缘静脉，如箭头所示

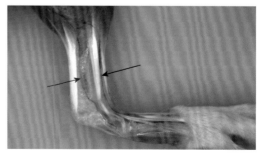

图51.2　外缘静脉（黑箭头所示）和小隐静脉（红箭头所示）

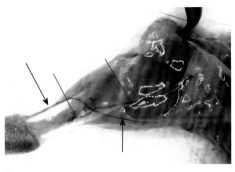
a.

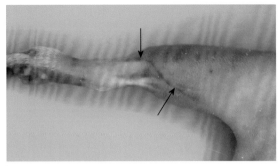
b.

图 51.3　外缘静脉越过小隐静脉表面。黑箭头示外缘静脉，蓝箭头示小隐静脉

三、器械与耗材

异氟烷麻醉系统；泡沫垫
（图 51.4）；25 G 针头；毛细管。

图 51.4　泡沫垫

四、操作方法

外缘静脉采血法见图 51.5。

1. 异氟烷吸入麻醉小鼠。
↓

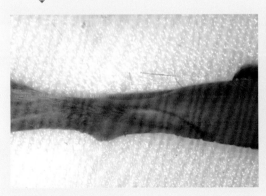

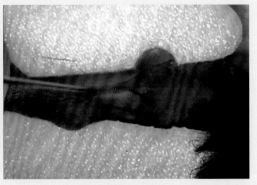

2. 后肢备皮，取俯卧位，将爪掌向上，置于泡沫　3. 直视下用针头刺穿皮肤和血管。↓
垫上。→

4. 立即可见血液流出形成血滴。→

5. 用毛细管吸取血液。↓

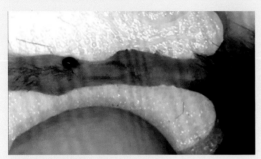

6. 此方法所得血流一般仅数微升。如需更多血样，可压迫泡沫垫以挤压后肢肌肉，会获得更多血样。→

7. 采血完毕，一般不需特殊止血措施。↓

图 51.5　外缘静脉采血法

操作讨论

（1）局部不要搽酒精，以免出血不形成血滴。

（2）挤压肌肉，有利于采到更多血样。

（3）事先加热身体，有利于采到更多血样。

（4）小隐静脉和外缘静脉很容易混淆，注意区别。

第52章
跖背静脉采血

一、背景

当血样需求量不大，为 50 μL 以内时，可以考虑小鼠跖背静脉采血。采血部位有前、后爪之分，不过各爪采集的方法类似，采血量也大体一致，可在四个爪背上依次采集。

跖背静脉采血很简单，操作熟练者甚至可以在小鼠清醒状态下进行，在麻醉状态下采血更方便。因操作时间短，以吸入麻醉为宜。本章分别介绍前、后爪跖背静脉采血法。

二、解剖基础

小鼠后爪背静脉以跖背静脉为主，收集爪背面的静脉血，汇入外缘静脉。前爪背静脉血汇入腋静脉。

前、后爪背都有体毛覆盖，但是较稀疏。不同品系的小鼠，体毛稀疏程度也不一样。一般不剃毛也可以看到静脉。备皮后血管较为清楚（图 52.1，图 52.2），搽酒精后更明显。

图 52.1 后爪备皮后搽酒精，显示跖背静脉充盈状态

图 52.2 前爪跖背静脉类似后爪，血管略细小

三、器械与耗材

　　27 G 针头；毛细管；血样容器；酒精棉片；干纱布；滤纸。

四、操作方法

（一）后爪跖背静脉采血法

小鼠浅麻醉状态下后爪跖背静脉采血法见图 52.3。▶

1. 小鼠浅麻醉，后爪备皮。
↓

2. 用酒精棉片擦拭爪背，并马上用干纱布擦干。
↓

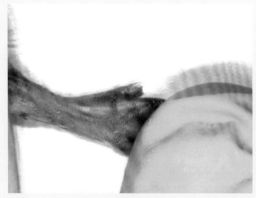 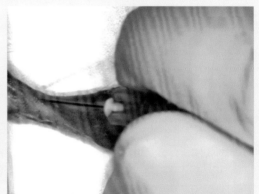

3. 操作者左手食指压住后爪尖，中指压住踝部。 4. 右手持针头垂直刺穿跖背静脉中部。↓
→

5. 可见血液立即自针孔溢出。→　　　　　　　6. 用毛细管端口接触血滴，血液会立即虹吸入
　　　　　　　　　　　　　　　　　　　　毛细管。↓

7. 一般可以采集约 50 μL 血样。→

8. 结束时用干燥滤纸轻轻点压，即可止血。图为止血后的爪背状况，常可见轻度皮下淤血。

图 52.3　后爪跖背静脉采血法

操作讨论

（1）用酒精擦拭后不可马上针刺，以免流出的血液弥散，不能成滴，难以收集。

（2）用酒精擦拭后必须马上用干纱布或纸巾擦干，立即针刺采血。否则时间一长，血管反而收缩。

（3）如果干纱布没能彻底擦干酒精，可以涂少许矿物油，再立刻用干纱布擦除多余的矿物油，然后用针刺静脉采血。

（4）在小鼠清醒状态下采血，需要将小鼠放在控制器内，拉出后肢。

（二）前爪跖背静脉采血法

小鼠浅麻醉状态下前爪跖背静脉采血法见图 52.4。

1. 小鼠浅麻醉，前爪备皮。→

2. 将前爪尖指压于台面上固定。↓

3. 用酒精棉片擦拭充盈血管，并马上用干纱布擦干。方法同后爪。↓

4. 针刺跖背静脉方法同后爪。→

5. 备好毛细管，出现血滴后即可采血。↓

6. 采血量类似后爪。↓

7. 采血后处理同后爪。

图 52.4　前爪跖背静脉采血法

操作讨论

由于前肢短于后肢，用两指固定空间不够，故只按其爪尖。

第 53 章

尾侧动静脉穿刺采血

一、背景

　　小量多次采血，首选尾侧动静脉穿刺采血。其优点是需要器械少，技术要求低、对小鼠损伤小；如果每次采血量为 20 μL，可以连续多日采集。缺点是采血量不能过多；所得血样为非洁净的动静脉混合血；操作不当会产生严重溶血。

　　本章介绍尾侧动静脉穿刺采血法的操作要点。

二、解剖基础

　　小鼠尾侧静脉（图 53.1）左、右各一条，纵向走行于皮下，有同名动脉伴行。其截面位置并非精确的 3 点和 9 点，而是稍微偏背侧，分别在 2、3 点之间和 9、10 点之间（图 53.2）。

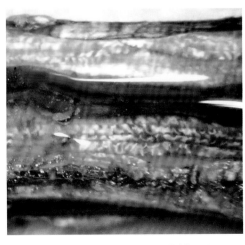

图 53.1　尾侧静脉和尾侧动脉染料灌注照。蓝色示静脉，红色示动脉

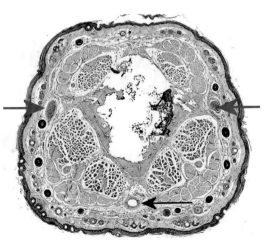

图 53.2　小鼠尾部组织切片，H–E 染色。尾侧动静脉位置如箭头所示

三、器械与耗材

加热设备（加热箱）；Perry 鼠尾静脉注射固定器（图 53.3）；25 G 针头；毛细管；血样容器。

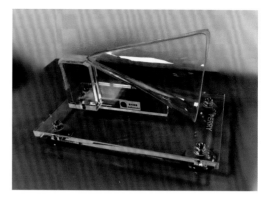

图 53.3　Perry 鼠尾静脉注射固定器

四、操作方法

尾侧动静脉穿刺采血法见图 53.4。▶

1. 无须麻醉，将小鼠置于加热箱中，40℃ 约 3 分钟，至小鼠开始躁动为止。↓

2. 将小鼠从加热箱中取出，立即放到固定器中，拉出鼠尾。↓

3. 将尾向一侧旋转 80°，拉直。将尾根部用食指压紧，固定并阻滞尾侧静脉血流回心。拇指固定鼠尾远端。→

4. 用针头垂直刺穿尾侧血管。↓

5. 拔针后即可见血液流出。→

6. 用毛细管吸取血液。↓

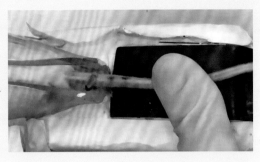

7. 采血达到设定量，毛细管脱离鼠尾，迅速将血液移入血样容器中。

↓

8. 用手指压迫针孔 30 秒止血，返笼。

图 53.4　尾侧动静脉穿刺采血法

操作讨论

（1）用酒精擦拭局部鼠尾，其作用除了消毒之外，还可以软化角质鳞片，短时间扩张血管，清晰血管形态。但是处理后一定要立即擦干酒精，否则在穿刺出血时，无法形成血滴。

（2）不建议用针头刺入尾侧静脉直接抽血，否则在负压作用下，很薄的静脉血管壁极易堵住针孔，导致抽血失败。

（3）不可过度加热。当小鼠躁动时，即可开始采血。若耽误数分钟，会导致小鼠死亡。加热的温度和时间并非一成不变，以小鼠的表现为衡量标准。

（4）如血流出不畅，可自尾根方向向尾端方向捋压尾侧血管，促进出血。但是不可过度捋压，以避免出现溶血。

（5）目前这种采血法在不少专业文献中称为"尾静脉采血"，需明白的是，小鼠尾侧静脉有动脉伴行，刺穿的血管不是单独的静脉，而是动脉和静脉；采集的血样是动静脉混合血。若实验需要纯静脉血，不可采用此法。

第54章
尾中动静脉穿刺采血

一、背景

小鼠少量采血，尾中动静脉穿刺采血也是方法之一。此方法类似尾侧动静脉穿刺采血法，因为尾中动脉远大于尾中静脉，采集的血液成分以动脉血为主。

由于尾中动脉是尾部血液供应的主要来源，穿刺采血造成的损伤对机体影响会大于单侧尾侧动静脉穿刺采血，所以不是采血的首选方法。除非实验设计不允许从尾侧血管采血，才考虑用该法。

二、解剖基础

尾中血管（图54.1，图54.2）包括尾中动脉和尾中静脉，这组伴行的血管位于尾腹侧皮下，纵向走行贯穿全尾。尾中动脉远大于尾中静脉（图54.3）。

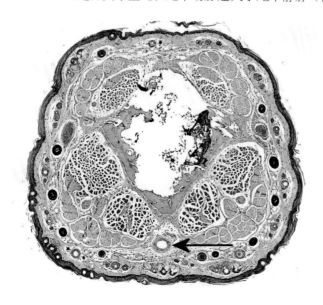

图 54.1　小鼠尾截面组织切片，H–E染色。箭头示尾中动脉

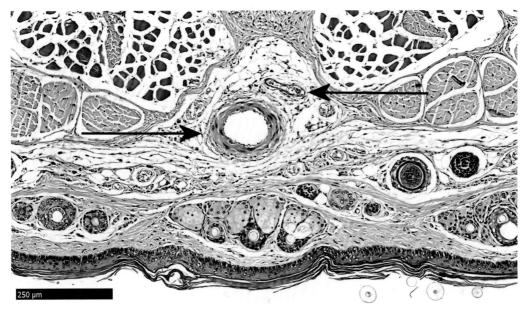

图 54.2　小鼠尾截面局部组织切片，H–E 染色。右箭头示尾中静脉，左箭头示尾中动脉

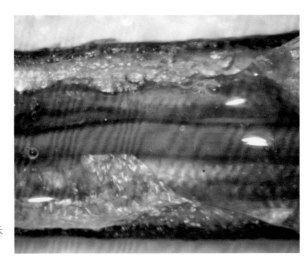

图 54.3　小鼠尾部灌注照，红色条带示
尾中动脉，细小的蓝色条带示尾中静脉

二、器械与耗材

小鼠控制器；25 G 针头；毛细管。

四、操作方法

尾中动静脉穿刺采血法见图 54.4。▶

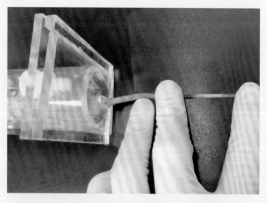

1. 无须麻醉，将小鼠置于控制器中，将尾拉出并拉直，将尾腹面旋转向上。鼠尾中部和尾端用中指和食指压在台面上固定。→

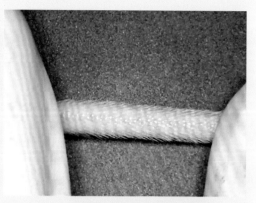

2. 选择鼠尾中远 1/3 处用针头刺穿尾中血管。↓

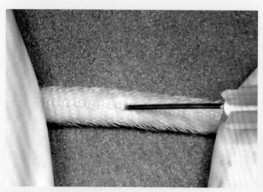

3. 针头穿皮刺入血管。→

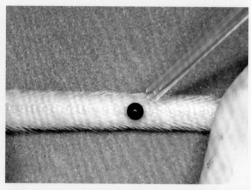

4. 血液随拔针溢出，形成血滴。待血滴接近毛细管直径时，用毛细管吸取。↓

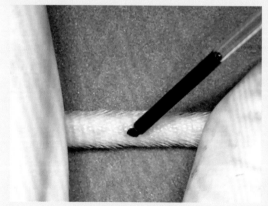

5. 流出的血液，全部吸入毛细管中。→

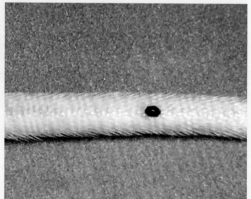

6. 采血达到设定量后，停止吸取。↓

7. 稍压迫止血，将小鼠送返笼中。

图 54.4 尾中动静脉穿刺采血法

操作讨论

（1）针孔部位皮肤保持干燥。如果用酒精擦拭表面，会导致针孔流出的血液弥散，不能形成血滴，以致无法用毛细管吸取血液。

（2）如果需要避免血液凝固在毛细管中，可采用肝素化毛细管。

（3）为避免血滴在体外凝固，应尽快将血滴吸入毛细管中。

（4）针刺后血液自针孔缓缓流出，如需加快出血速度，可以用手指将尾中血管从尾根部向尾尖方向捋，但是不可反复捋血管，以避免出现溶血。

（5）尾中动脉近端手指压迫不可过强，以免出血量过少。压力可以控制鼠尾不移位即可。

第 55 章
断尾尖采血

一、背景

切断小鼠尾尖部，多是为了组织采集、测量出凝血功能或采血。

若用于采血，断尾的位置与采血量关系密切。越靠近尾根部，采血量越大，对小鼠的损伤也越大。所以一般小量采血，采血量不超过 5 μL 时，在距尾尖 3 mm 处切断即可。

二、解剖基础

小鼠尾中动静脉和左、右尾侧动静脉是尾部三组主要血管，在距尾尖端 2 mm 左右之处分成数个分支。

三、器械与耗材

小鼠控制器；电烧烙器；单刃刀片；血样容器。

四、操作方法

断尾尖采血法见图 55.1。▶

1. 小鼠无须麻醉，直接置于控制器中，将尾拉出。
↓

2. 左手手指将鼠尾按压在台面上，右手持刀片在距尾尖 3 mm 处，用刀片垂直切断尾尖。→

3. 立即可见血液自断端流出。↓

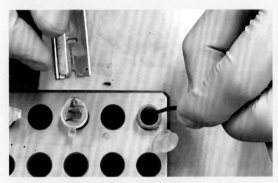

4. 直接将血液收集在血样容器中。→

5. 用烧烙器封闭尾断端伤口止血。↓

6. 将小鼠从控制器中取出还笼。

图 55.1　断尾尖采血法

操作讨论

（1）可以用剪刀剪断尾尖。

（2）如所需血液多于 10 μL，先将小鼠尾部浸泡在 38℃ 的温水中 2 分钟，用软纸吸干，再立即断尾。

（3）灯照加热身体，也可以增加出血量。

（4）尾尖剪断后用手指自尾根向尾尖方向捋，可以增加出血量，但是不可反复捋，以避免出现溶血。

体液采集

第五篇

第 56 章
膀胱穿刺采尿

一、背景

尿液采集有多种方法，如膀胱穿刺采尿法、应激采尿法、尿砂采尿法、代谢笼采尿法、尿道插管采尿法等，具体采用哪种方法，应根据实验要求选择。

本章将介绍三种膀胱穿刺采尿法。术中直视膀胱穿刺采尿法，一般多因膨胀的膀胱影响手术操作，或恰好需要尿液标本，开腹手术中顺便采集，若单纯需要尿液标本，则不宜采用此法，以避免开腹的损伤。皮肤穿刺采尿法是活体采集无污染尿液的方法之一，用于长时间麻醉尚未苏醒，导致膀胱充盈的小鼠，该方法损伤小。腹壁穿刺采尿法则用于皮肤穿刺采尿法失败，且小鼠保持麻醉时，切开皮肤，直视下穿刺腹壁采尿。这三种采尿法同样适用于膀胱注射给药。

二、解剖基础

小鼠膀胱位于后腹腔内正中纵轴线上，靠近腹侧腹壁。膀胱腹面与腹壁内面有一条纵向膀胱系膜相连（图56.1）。膀胱在腹内有一定移行性。成鼠膀胱充盈时容量大于 1 mL，隔着腹壁即可看到（图 56.2）。

打开腹壁直视膀胱，可见膀胱血管走行其上（图 56.3）。膀胱动静脉相伴，

图 56.1　膀胱腹面与腹壁以膀胱系膜相连，箭头示膀胱系膜

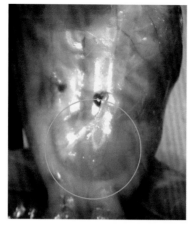 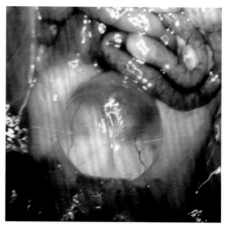

图 56.2　充盈的膀胱，如绿圈所示　图 56.3　膀胱壁上可见血管走行，如箭头
　　　　　　　　　　　　　　　　　　　　所示

呈树枝状分布，从左前、左后、右前、右后四个方向走向膀胱顶部（图 56.4，图 56.5）。

　　膀胱顶部肌肉厚，血管稀少（图 56.6），是做膀胱穿刺的适宜区域。由于膀胱弹性很大，收缩时肌肉变厚，黏膜呈波浪状，血管呈横行迂曲状（图 56.7），此时不便采集尿液。

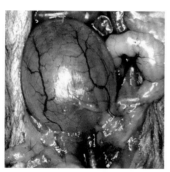 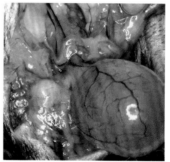

图 56.4　膀胱血管左后支和　图 56.5　膀胱血管右前支
　　　　　右后支

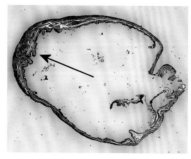 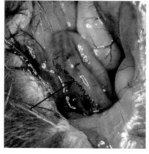

图 56.6　小鼠膀胱组织切片，H–E　图 56.7　处于收缩状态的膀
染色。箭头示其顶部肌肉（张桂贤　胱。箭头示迂曲的膀胱血管
供图）

三、器械与耗材

尖镊；有齿镊；皮肤剪；1 mL 注射器；31 G、25 G、29 G 针头。注意，三种采尿法对针头的要求各异。

四、操作方法

（一）术中直视膀胱穿刺采尿法（图 56.8）

1. 小鼠麻醉满意后，腹部备皮。
↓
2. 取仰卧位固定，开腹 ⑰ 。
↓

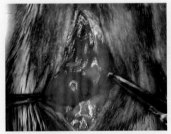 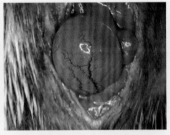 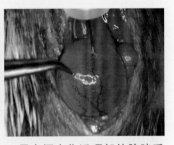

3. 将后腹部皮肤于腹中线处切开 1 cm，暴露膀胱。→

4. 用尖镊夹住膀胱浆膜向前牵拉，使膀胱顶部由向头位变为向上位。→

5. 用尖镊夹住近顶部的膀胱系膜，31 G 针头避开血管，由顶部刺入，透过内膜后，确认针尖在膀胱内，可开始抽取尿液。
↓

 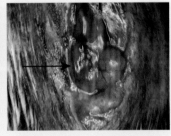

6. 需要清空膀胱内全部尿液时，可以变换针尖位置，尽可能将尿液全部抽出。→

7. 抽出尿液后的膀胱基本完全塌瘪，如图中箭头所示，拔出针头。

图 56.8　术中直视膀胱穿刺采尿法

操作讨论

（1）针头无法刺入膀胱的原因：针头过钝；没用镊子夹持，膀胱发生移动。

（2）出血的原因：针头损伤膀胱血管。膀胱穿刺部位一定要选择无明显血管区。

（3）针头在膀胱内，却无法抽取尿液的原因：膀胱内膜堵住针孔。此时可推回少许尿液，将针头下压，缓慢抽尿。

（二）皮肤穿刺采尿法（图 56.9）

1.小鼠处于麻醉状态，取仰卧位。
↓

2.后腹部备皮，确认膀胱位置和大小。注意不可压迫腹部，避免膀胱收缩，尿液溢出。
↓

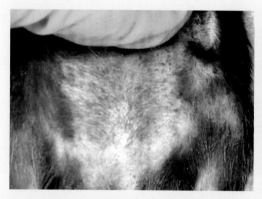 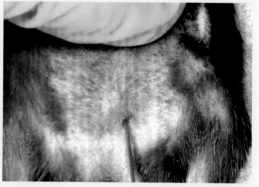

3.左手拇指压住尾根部，食指顶住膀胱前缘。
→

4.将 25 G 针头于膀胱凸起部位，针孔向上，针头向斜下进针，刺入膀胱。针尖指向膀胱中心。↓

 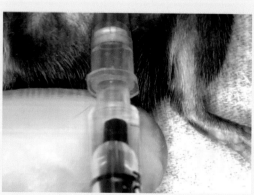

5.在针头刺入皮肤和膀胱时都有穿透感。针尖进入膀胱立即开始缓慢抽取尿液。→

6.抽至设定量后拔针。

图 56.9 皮肤穿刺采尿法

操作讨论

（1）抽出少量尿液后不能继续抽取时，可将针头稍向下压，使尿液聚集到针孔表面，这样可以将余尿抽出。

（2）抽取尿液过快，无法继续抽取，往往是因为膀胱黏膜被吸入针孔。这时可以把少许已经抽入注射器的尿液推回膀胱，重新抽取即可。

（三）腹壁穿刺采尿法（图56.10）

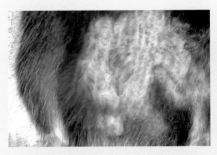

1. 小鼠于麻醉状态，保持仰卧位。→

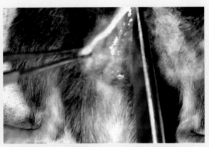

2. 用有齿镊加起后腹皮肤，用剪子沿腹正中线将皮肤划开1 cm。↓

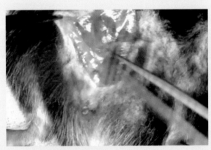

3. 暴露后腹部腹壁，用尖镊分离浅筋膜，可见隆起的膀胱。→

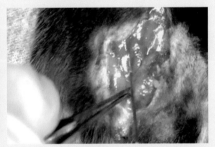

4. 用尖镊夹住膀胱后方的腹壁，将29 G针头从尖镊前方斜向下刺入腹腔，进入膀胱。↓

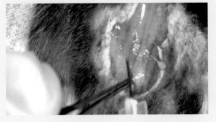

5. 针头保持在膀胱中央，缓慢抽取尿液，可以明显看到膀胱缩小。→

6. 当采集的尿液达到设定量时，迅速拔出针头，完成操作。↓

7. 关闭皮肤切口。

图 56.10　腹壁穿刺采尿法

第 57 章

应激采尿

一、背景

应激采尿是指利用小鼠恐惧排尿直接接取尿液。与膀胱穿刺采尿法、代谢笼采尿法、尿砂采尿法等常用的几种方法相比，该方法最迅速，且对小鼠无损伤。该方法的缺点是无法准确控制采集的尿量，甚至不能保证每次都可以采集到尿液，而且此法不可反复使用，否则小鼠会因为习惯而很快丧失恐惧感。

二、器械与耗材

尿液容器，入口直径不小于 2 cm。

三、操作方法

应激采尿法见图 57.1。▶

1. 以"V"形手势单手迅速将小鼠抓在手中 ❷。
↓
2. 这时小鼠往往会因为紧张恐惧而排尿。↓

3. 两秒钟内迅速用另一只手拿尿液容器接尿。

图 57.1　应激采尿法

操作讨论

（1）捉拿小鼠前，尿液容器应事先准备好。

（2）尿液容器入口不宜太小，以免尿液喷射到容器外。

（3）单手捉拿有利于另一只手随时拿容器接尿。

（4）捉拿小鼠要迅速。

（5）小鼠被多次捉拿后会产生适应，往往不再发生应激排尿。

第58章

挤压采尿

一、背景

　　小鼠在长时间麻醉状态下膀胱极度充盈，此时挤压采尿因方法简单，无须工具，成为第一选择。

二、解剖基础

　　小鼠麻醉超过 1.5 小时后，膀胱充盈，直径一般可达 6 mm 以上（图58.1）。此时在体表可以触摸到较硬的隆起包块，压之常有尿液自尿道口排出。

三、器械与耗材

　　尿液容器。

四、操作方法

　　挤压采尿法见图58.2。▶

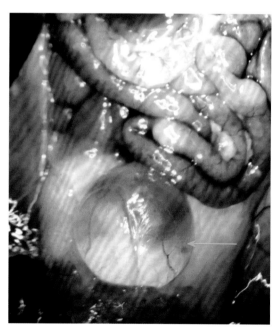

图 58.1　小鼠麻醉 1.5 小时后的膀胱，如箭头所示

1. 将麻醉状态下膀胱充盈的小鼠取仰卧位，准备好尿液容器。→

2. 左手将尿液容器对准尿道口，右手拇指和食指按住膀胱的表面，中指顶住膀胱的前缘，向后推挤膀胱。此时可见大滴的尿液自尿道口滴出。→

3. 数秒内就可以将大部分尿液挤出膀胱。图示挤出的尿液。

图 58.2　挤压采尿法

操作讨论

（1）挤压尿液的手法不是向下压迫膀胱，而是拇指和食指固定膀胱，中指从前向后顶膀胱。

（2）特殊小鼠的充盈的膀胱不一定在正中位置。例如，巨脾小鼠的膀胱会被庞大的脾挤向右侧（图 58.3）。

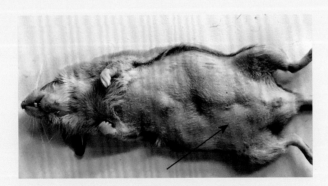

图 58.3　巨脾小鼠的膀胱移位，如箭头所示

第 59 章

导尿

一、背景

　　导尿一般采用尿道插管法。小鼠尿道细小弯曲，因此，导尿用的导管需光滑且弹性好。由于雌、雄鼠尿道解剖结构的差异，一方面，在做插管时，雌鼠较雄鼠难度小一些，另一方面，基于雌鼠尿道短的解剖特点，可以用钝针头插入尿道，从膀胱直接抽尿。另外，雌鼠的尿道插管还可用于膀胱灌注。本章分别介绍雌鼠和雄鼠的传统尿道插管导尿法和雌鼠经尿道抽尿法。

二、解剖基础

（一）雌鼠

　　雌鼠的尿道口（图 59.1）紧邻阴道上方，单独在皮肤表面开口。

　　尿道分为三段（图 59.2～图 59.5）。① 前段。自膀胱的尿道入口开始，到耻骨前缘，贴附于阴道，向后斜下方走行。② 耻骨段。尿道贴附于阴道与耻骨之间。③ 后段。经耻骨后缘开始，转向下方走行，开口于尿道出口。

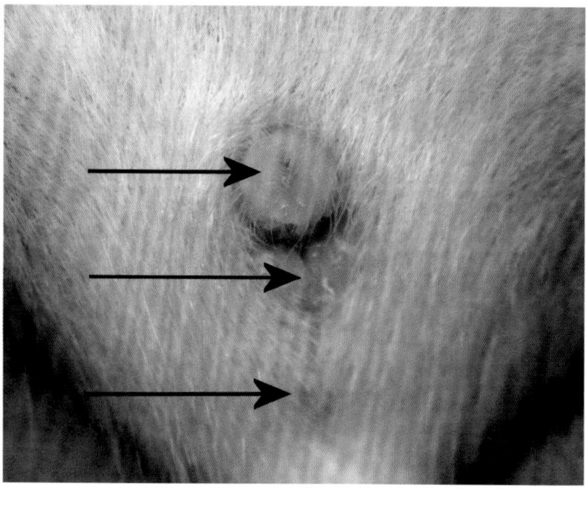

图 59.1　雌鼠尿道口。上箭头示尿道口，中箭头示阴道口，下箭头示肛门

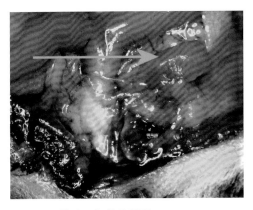

图 59.2　膀胱，如箭头所示

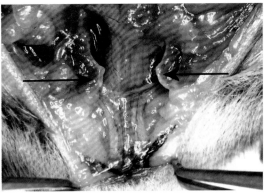

图 59.3　耻骨切除后，显示尿道全长。最上方为膀胱，切断的耻骨边缘标志了耻骨所在的位置，如箭头所示

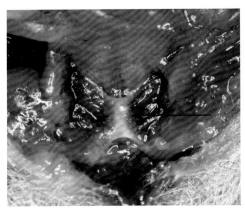

图 59.4　箭头所示为耻骨，其后面的尿道为耻骨段

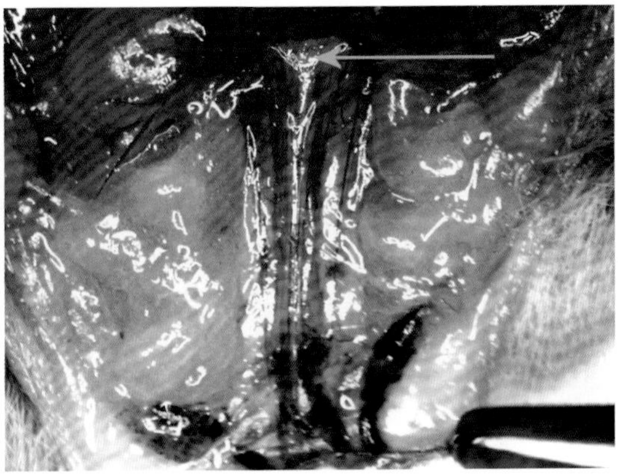

图 59.5　拉直的尿道后段。箭头所示为耻骨

（二）雄鼠

雄鼠尿道（图 59.6）分为三个部分，分别为阴茎部、膈部和膜部。

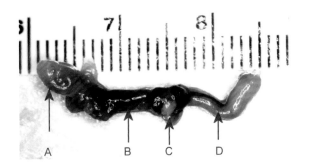

A. 膀胱；B. 尿道膜部；C. 尿道膈部；D. 尿道阴茎部

图 59.6　雄鼠游离的尿道全长

膜部（近段）（图 59.7）为膀胱尿道口，到耻骨前缘的部分，长约 9 mm，内径较尿道阴茎部大数倍，其周围肌肉发达；中间为膈部，长约 4 mm，位于耻骨背面；阴茎部为远段（图 59.8），长约 1 cm，始于耻骨后缘，终于阴茎头顶端的尿道口，紧贴着阴茎海绵体腹侧。

 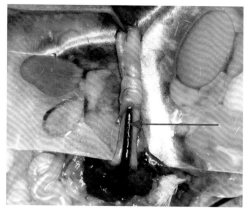

图 59.7　腹腔背面观。镊子挑起的为尿道膜部　　图 59.8　尿道阴茎部，如箭头所示

在阴茎头（图 59.9）内，尿道背面为阴茎骨。阴茎骨前端突出尿道口的部分为阴茎突（图 59.10）。尿道的弹性极佳（图 59.10）。

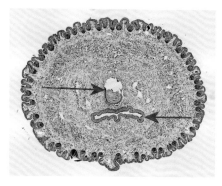 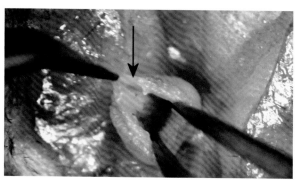

图 59.9　阴茎头远端截面组织切片，H–E
染色。显示尿道和阴茎骨远端，上箭头
示阴茎骨远端，呈柱状；下箭头示尿道

图 59.10　被撑开的尿道口。箭头示阴茎突

尿道走行：阴茎部随阴茎纵轴走行（图 59.11），阴茎部近端被耻骨所遮盖（图 59.12）。

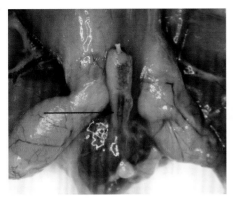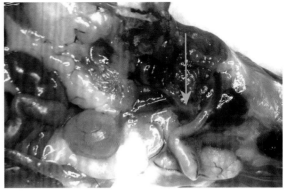

图 59.11　阴茎前翻，箭头示尿道　　　　　图 59.12　膀胱和尿道近段。箭头示耻骨

三、器械与耗材

（1）尿道插管采尿法：外径 0.6 mm 光滑 PE 管 5～10 cm，前端切成 45°（图 59.13）；显微尖镊；管镊或无齿镊。

（2）经尿道抽尿法：外径 0.6 mm 光滑 PE 管 1.5 cm，前端切成 45°，套在胰岛素注射器的 29 G 针头上，PE 管较针头长 3 mm，如图 59.14 所示。

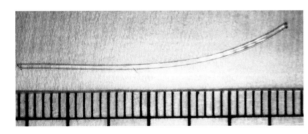

图 59.13　PE 管　　　　　　　　　　　图 59.14　抽尿工具

四、操作方法

（一）雌鼠尿道插管导尿法（图 59.15）▶

1. 检查小鼠后腹部，确认其膀胱饱满。

↓

2. 小鼠常规麻醉，取仰卧位。

↓

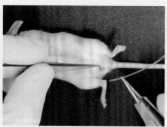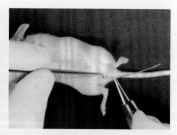

3. 将尖镊的两个尖端分别夹住尿道口内外。→

4. 用无齿镊夹住导管前端 8 mm 处。→

5. 用尖镊夹住尿道口，垂直向上拉直尿道远段。↓

6. 将导管插入数毫米后即可感到明显阻力。立即用尖镊夹着排尿口拉向尾端，使呈水平状态。→

7. 继续将导管插入数毫米，即可见尿液溢出。→

8. 导尿完毕，拔出导管。待小鼠苏醒后返笼。

图 59.15　雌鼠尿道插管导尿法

操作讨论

（1）雌鼠尿道远比雄鼠尿道短，插管难度相对小一些。

（2）若导管插至中途无法再继续，除了拉直尿道以外，还要注意导管是否有弧形弯曲。试着调整角度，多有助益。

（3）如欲固定导管，可在其外加箍，并缝合固定在皮肤上。

（4）良好的导管弹性非常重要。小鼠的膀胱 – 腹壁系膜较长，难以将膀胱固定在一个小范围内，弹性好的导管可以随弯就势地进入膀胱（图59.16）。

图 59.16　导管抵达膀胱顶，如箭头所示

（二）雌鼠经尿道抽尿法（图 59.17）

1. 小鼠常规麻醉。↓

2. 用尖镊夹住尿道口上缘，向上拉起。→

3. 将套 PE 管的针头插入尿道。→

4. 沿拉直的尿道深入不少于 5 mm。↓

5. 针头旋转向上，通过耻骨下进入膀胱。→

6. 开始抽尿。采集的尿液量取决于实验需要和膀胱内的存尿。→

7. 抽尿完毕拔出针头。

图 59.17　雌鼠经尿道抽尿法

操作讨论

（1）比较两种尿液采集方法，对于技术熟练者来说，用针头经尿道抽尿更快捷；对于新手来说，用插管导尿更安全。

（2）用针头采集的尿液量可以精准控制。

（3）PE 管较针头长 3 mm，使针头在耻骨处变换角度时有弹性，更安全。

（三）雄鼠尿道插管导尿法（图 59.18）▶

1. 小鼠常规麻醉，取仰卧位。↓

2. 用尖镊夹住阴茎突（阴茎骨前端），垂直向上提拉。↓

3. 用管镊夹住导管，将其缓缓插入尿道口。→

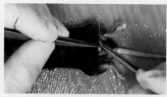

4. 垂直向下插入约 1 cm，感到阻力即停。→

5. 向尾侧旋转阴茎，调整尿道角度以接近膈部。↓

6. 再将导管深插约 1 cm，在膀胱充盈的状态下，即可见尿液流出。→

7. 如果流出不畅，可用左手拇指和食指捏住膀胱两侧，中指向尾端顶膀胱，则尿液导流出会快些。→

8. 收集的尿液量达到实验要求，即可拔管。↓

9. 小鼠苏醒后返笼。

图 59.18　雄鼠尿道插管导尿法

操作讨论

（1）雄鼠尿道较长，足以固定导管，所以进行膀胱灌注时，无须将导管插入膀胱。

（2）插入导管的关键步骤是调整阴茎角度，使尿道阴茎部接近膈部。

（3）如果用无齿镊夹持导管，须控制力度，避免将导管夹扁。管镊可以保证导管不被夹扁，但是需要选择和导管外径尺寸相匹配的型号。

第 60 章

尿砂采尿

一、背景

前面已介绍几种小鼠尿液采集方法，与它们相比，尿砂采尿最为方便、安全。该方法的缺点是，如果不及时采集，尿液会蒸发浓缩，改变尿液浓度。

二、器械与耗材

吸液管；尿液容器。

尿砂：尿砂能使尿液呈球滴状存在尿砂表面，不渗漏、不粘连（图 60.1），且能在倾斜的砂面上滚动。若需采集尿液，应避免砂面向鼠笼边缘倾斜，以免尿液滚进鼠笼边缘的

图 60.1 尿液在尿砂表面的状态 ▶

缝隙中，影响定量测定。

三、操作方法

尿砂采尿法见图 60.2。

1. 将鼠笼清理干净，清除垫料，保持干燥。在鼠笼内铺垫 1 cm 厚的尿砂。

↓

2. 按照预定时间将小鼠放入和移出铺有尿砂的鼠笼。

↓

3. 用吸液管将尿液转移到容器中。

图 60.2　尿砂采尿法

操作讨论

（1）平铺尿砂，避免尿液流动到鼠笼边缘。

（2）定时采尿，设定时间不可过长，以免尿液蒸发。

（3）避免误采集饮水器漏出的水。

（4）吸液管避免触及尿砂，以免粘上尿砂。

第 61 章
脑脊液采集

一、背景

实验常需要采集小鼠脑脊液，其中最容易采集的部位在枕骨大孔处的蛛网膜下腔。

有两种常用的脑脊液采集法：一种是在直视条件下在枕骨大孔做蛛网膜穿刺采集；另一种是通过皮肤穿刺，直入蛛网膜下腔采集。除此之外，还有微量脑脊液采集法，这种方法直接从颅骨表面进行。本章分别介绍这三种方法。

二、解剖基础

以小鼠左侧为例，从背部体表到枕骨大孔的解剖层次如图 61.1。

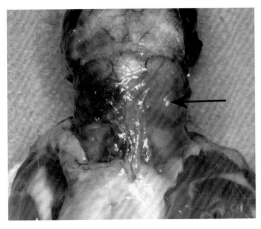 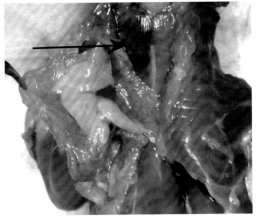

a. 表面皮肤下有浅筋膜，其下方是背阔肌。箭头示背阔肌

b. 掀开背阔肌，可见颈夹肌。箭头示颈夹肌

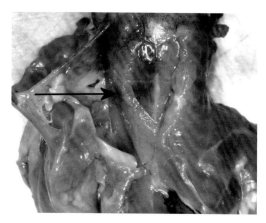

c. 掀开颈夹肌，暴露头长肌和颈长肌。箭头示头长肌

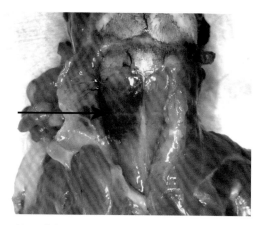

d. 掀开头长肌，清楚地暴露颈长肌。箭头示颈长肌

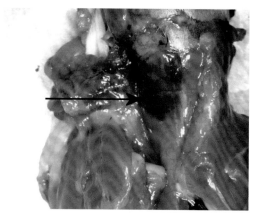

e. 翻起颈长肌，暴露半棘肌。箭头示半棘肌

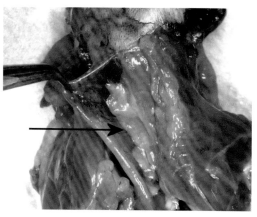

f. 掀开半棘肌，暴露其下方的项脂肪垫。箭头示项脂肪垫

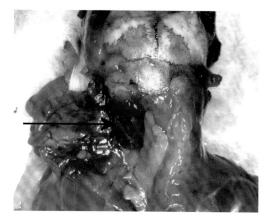

g. 推开项脂肪垫，暴露其下面的多裂肌。箭头示多裂肌

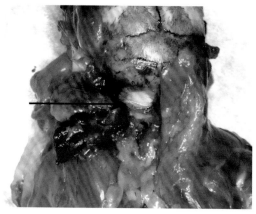

h. 掀起多裂肌，暴露蛛网膜。箭头示蛛网膜

图 61.1　小鼠从背部体表到枕骨大孔的解剖层次

成鼠枕骨大孔（图61.2）横径为1.2～1.5 mm，该结构与寰椎联系不甚紧密。头低位，可以明显加大其间空隙。暴露蛛网膜，可以见到明显的蛛网膜下腔间隙。

小鼠顶骨属于板层骨，有夹层（骨髓腔），但很薄，内外两侧都有孔道沟通颅内外，脑脊液可以通过顶骨到达颅骨表面（图61.3）。暴露颅骨，擦除浅筋膜，常可见多处脑脊液自顶骨表面成滴渗出（图61.4）。这就是微量脑脊液采集的病理解剖学基础。

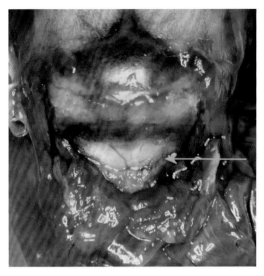

图 61.2　枕骨大孔，如箭头所示，蛛网膜内血管为蓝色染料灌注

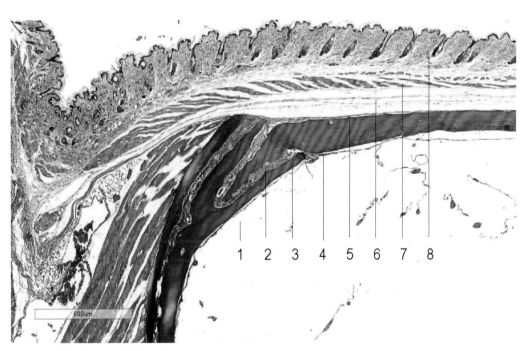

1.颅腔；2.顶骨夹层（骨髓腔可见内外出口）；3.顶骨；4.软脑膜；5.硬脑膜；6.浅筋膜；7.肌肉；8.皮肤

图 61.3　小鼠头部组织切片（辛晓明供图）

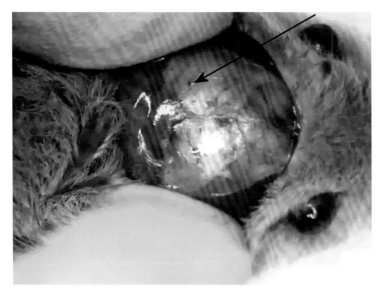

图 61.4　脑脊液从顶骨表面多点渗出，如箭头所示

三、器械与耗材

（1）直视蛛网膜穿刺法：手术板；剪子；尖镊；31 G 针头 +25 μL 微量注射器；棉签。

（2）皮肤穿刺脑脊液采集法：手术板；34 G 针头 + 25 μL 微量注射器，上套 9 mm 硅胶管（图 61.5，图 61.6 左）；23 G 钝针头（图 61.6 中）；25 G 针头（图 61.6 右）；纸胶带 。

（3）微量脑脊液采集法：皮肤剪；棉签；微型毛细管。

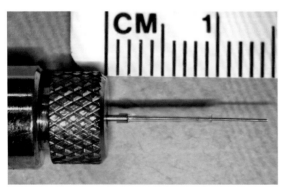

图 61.5　套硅胶管的 34 G 针头

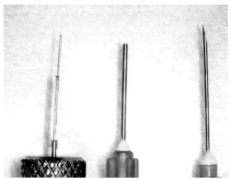

图 61.6　针头

四、操作方法

（一）直视蛛网膜穿刺法（图 61.7）

1. 小鼠常规麻醉，后颈备皮。
↓

2. 将小鼠安置于手术板上，头低位俯卧，纸胶带固定双耳。红圈示枕骨大孔位置。→

3. 在后颈部，于枕骨后缘横向剪开皮肤。↓

4. 分层切断所有附着于枕骨的颈项肌肉和项脂肪垫。↓

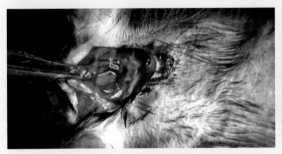

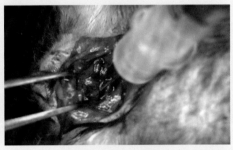

5. 用棉签擦净蛛网膜表面，暴露蛛网膜。→

6. 将 31 G 针头直接插入枕骨大孔，针孔完全进入蛛网膜，立刻停止深入，并开始抽取脑脊液。↓

7. 正常脑脊液为淡黄色。如果损伤小血管，抽出的脑脊液呈粉色。

图 61.7　直视蛛网膜穿刺法

（二）皮肤穿刺脑脊液采集法（图 61.8）▶

1. 小鼠常规麻醉，后颈部备皮。
↓

2. 将小鼠安置于手术架上，头低位俯卧。→　　3. 左手将头部固定于头低位。↓

4. 用 23 G 钝针头探查枕骨大孔位置，并在皮肤上做压痕标记。→

5. 换 25 G 注射针头，在标记处刺穿皮肤后立即拔出。↓

6. 换微量注射器，将针头从原针孔刺入。→

7. 针头进深抵达硅胶管处，向下旋转，令针杆与顶骨平行，与蛛网膜垂直，再进深 1 mm。↓

8. 此时应有突破感。稳住注射器，缓慢抽吸脑脊液，可见清亮或略带淡粉色的脑脊液被抽出。→

9. 抽出设定量即可。↓

10. 术后密切观察。

图 61.8　皮肤穿刺脑脊液采集法

操作讨论

（1）此方法操作虽然简单，对小鼠损伤小，但技术要求高，需在操作熟练之后方可运用。

（2）抽出的脑脊液颜色红，说明有血液混入。

（3）用吸管针头采集▶①，可以避免抽吸脑脊液时注射器位置移动失误。

（三）微量脑脊液采集法（图 61.9）▶

1. 小鼠常规麻醉，切开头皮，暴露颅骨。
↓

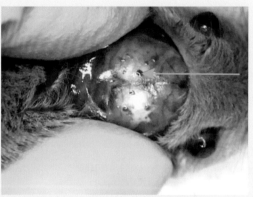

2. 用棉签擦除顶骨表面的浅筋膜。→

→ 3. 左手拇指和食指轻捏颅骨两侧，可见脑脊液在顶骨多点渗出，如图中箭头所示。↓

4. 可以用微型毛细管在多点吸取脑脊液。之后，继续加压，还会有少量脑脊液渗出。

图 61.9　微量脑脊液采集法

---

① 本视频作者：杨宇。

第62章
胆汁采集

一、背景

　　小鼠胆汁采集多为活体操作。胆囊很小，若直接穿刺抽取胆汁，胆囊上伤口不容易处理；若从十二指肠穿刺进入胆总管采集胆汁，基本上不会损伤胆总管和胆囊。这种方法是本章介绍的重点。

二、解剖基础

　　从胆囊排出的胆汁，经胆囊管进入胆总管（图62.1，图62.2），最后进入十二指肠。胆总管走行在十二指肠右侧的浆膜下，其远端开口于十二指肠壶腹部（图62.3）内面。十二指肠壶腹部组织明显增厚。

 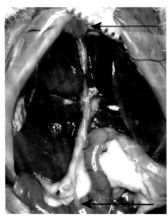 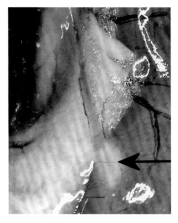

图62.1　胆囊血管灌注照，箭头示胆总管

图62.2　胆总管全长。上箭头示胆囊，下箭头示十二指肠壶腹部

图62.3　十二指肠壶腹部肠壁增厚呈乳白色，如箭头所示

三、器械与耗材

31 G 针头胰岛素注射器；尖镊；微型开睑器（图 62.4）；组织胶水；生理盐水；棉签。

四、操作方法

胆总管穿刺胆汁采集法见图 62.5。▶

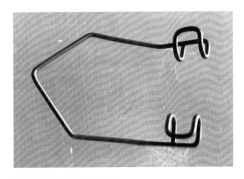

图 62.4　微型开睑器

1. 小鼠常规麻醉，腹部备皮。
↓

2. 开腹 。
↓

3. 安置微型开睑器，暴露腹腔。
↓

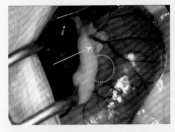

4. 用生理盐水润湿的棉签把十二指肠向左侧翻开，暴露胆总管和壶腹部。箭头示胆总管，圈示壶腹部。→

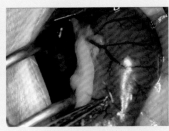

5. 用镊子夹住壶腹部下缘做对抗牵引。→

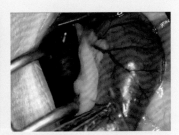

6. 将注射器针尖由壶腹部下缘水平刺入十二指肠。轻微上挑，从胆总管在十二指肠的开口处进入。↓

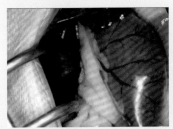

7. 深入胆总管一半距离，开始缓慢抽取胆汁。→

8. 这时可见上方的胆总管明显塌陷。→

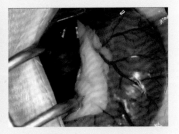

9. 抽吸完毕，抽出针头。可见胆汁随着针头退出后又充盈胆总管。↓

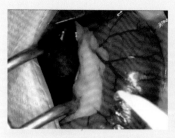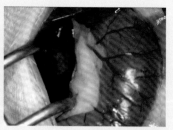

10. 针头拔出后，在十二指肠 11. 图示胶水处理后针孔封闭完 12. 关腹。
针孔处滴一滴胶水，封闭针孔。 好。→
→

图 62.5　胆总管穿刺胆汁采集法

操作讨论

（1）胆总管塌陷时，需要暂停抽吸，轻轻压迫胆囊，加速胆汁下行。

（2）若需长时间采集胆汁，可做胆总管插管，并用组织胶水固定，如图 62.6
所示。

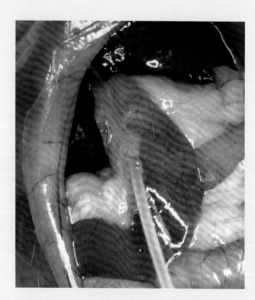

图 62.6　插管用组织胶水固定
在十二指肠壁上

（3）对新手而言，用 31G 钝针头比用胰岛素针头更安全。但是进针前需要用
锐利的胰岛素针头刺穿壶腹部肠壁进针点，再将钝针头从进针点刺入十二指肠，进
入胆总管。

第 63 章

精子采集

一、背景

因实验目的不同，采集雄鼠精子的方法也不一样。例如，以检测精子活力等为目的，必须采集鲜活的精子；若为了确认小鼠妊娠时间，可以简单地做阴道擦拭涂片。本章分别就这些方法加以介绍。

二、解剖基础

小鼠附睾（图 63.1，图 63.2）是雄性生殖系统的一部分，位于睾丸与输精管之间，是精子最终成熟的部位。精子到达附睾尾部时活力最佳。

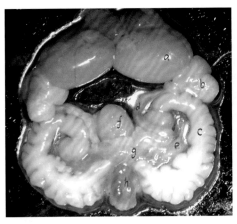

a. 睾丸；b. 附睾；c. 精囊；d. 输精管；e. 凝固腺；f. 膀胱；g. 前列腺；h. 尿道膜部

图 63.1　雄鼠生殖器官

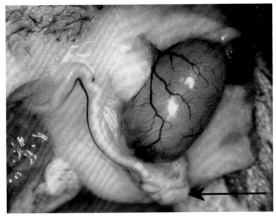

图 63.2　雄鼠生殖静脉蓝色染料灌注照。附睾如箭头所示

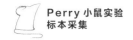
三、鲜活精子采集法[①]

（一）器械与耗材

显微镜；显微镊；37 ℃培养箱；PBS 溶液或 F10 培养液；25 G 针头。

（二）操作方法

鲜活精子采集法见图 63.3。

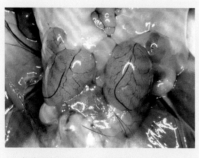

1. 小鼠脱颈处死，迅速打开腹腔，暴露睾丸及附睾。→

2. 附睾连同睾丸一起取出，并保留一小段输精管。↓

3. 在显微镜下将附睾尾组织剥离出来。→

4. 将附睾尾组织放置在无菌的 PBS 溶液或已在 37 ℃培养箱中预热的 F10 培养液中，在显微镜下用镊子将附睾尾固定，用 25 G 针头轻轻划破附睾尾部，使精子自动游出。▶↓

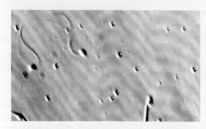

5. 待精子充分活化后，取出少量精子做涂片，进行精子浓度及活力测定。▶

图 63.3　鲜活精子采集法

---

① 本方法作者：吴艳青。

操作讨论

（1）准确测定精子活力，需将培养皿于 37℃培养箱中放置 30 分钟，使得精子充分活化。

（2）附睾尾部的精子活力最佳，故在此处采集精子。

（3）保留一小段输精管的目的是防止操作过程中有精子流失。

四、阴道擦拭精子采集法[①]

（一）器械与耗材

显微镜；生理盐水；婴儿棉棒（图 63.4）；载玻片。

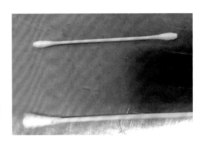

图 63.4 婴儿棉棒（上）与正常棉棒（下）的比较

（二）操作方法

1. 选择 8 ～ 12 周龄小鼠按雌雄比 2:1 合笼，12 小时后将雌鼠挑出。

↓

肛门

阴道口

涂片区域

2. 用生理盐水润湿婴儿棉棒或自制小棉棒，轻轻插入雌鼠阴道 0.5 ～ 1 cm，蘸取小鼠阴道分泌物。

→

3. 将蘸取阴道分泌物的棉棒均匀涂抹在载玻片上，室温晾干后在显微镜下观察（×400），如镜检到小鼠精子即可认定为交配成功。↓

---

① 本方法作者: 刘波。

 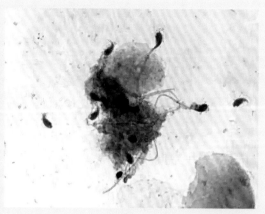

4. 如果在采集分泌物时发现雌鼠阴道口有乳白色栓状物堵住阴道口，此为阴道栓（主要由雄鼠分泌物形成），有阴道栓的雌鼠可认定为完成交配行为。→

5. 涂片用 H-E 染色，镜检，有精子的涂片中，粉红色的部分为脱落的阴道上皮细胞，蓝色部分为精子。↓

6. 图示小鼠精子。

图 63.5　阴道擦拭精子采集法

操作讨论

（1）小鼠合笼雌雄比以 2:1 为宜，具体可根据小鼠数量适当调配，但要遵循 1 雄多雌的原则。

（2）选择交配小鼠，尤其是雄鼠时，尽量选取 8～10 周龄的。太小的交配率低，太大的影响产仔效果。

（3）选择棉棒尺寸要适当，过大的会刺激雌鼠，损伤阴道；过小的不利于涂片，本方法推荐使用婴儿棉棒，大小适合且无菌。

（4）蘸取小鼠阴道分泌物时，注意小鼠固定方式：将小鼠放在笼盖上，左手拇指与食指提起尾根部，其余三根手指轻轻按压小鼠背部，将鼠向其身体反方向稍用力，暴露阴道口即可。

（5）涂片时要均匀，尽量在载玻片 3/4 范围内涂抹，不要涂到片子边缘，以免污染其他片子，影响镜检准确率。

（6）镜检时要仔细，有时小鼠交配后阴道内残余精子比较少，容易遗漏。

第 64 章

腹水采集[①]

一、背景

小鼠腹腔因空间比较大且无菌，常被用于培养细胞。在培养细胞过程中，可以产生大量含目的细胞或抗体的腹水。腹水采集操作可以用于腹水肿瘤模型、鼠源细胞净化和腹水抗体制备等实验。本章介绍小鼠腹水采集法。

二、解剖基础

小鼠腹膜由壁层、脏层和系膜组成。腹膜壁层包裹腹腔，腹膜脏层包裹多种脏器。这些腹膜脏层多以某脏器浆膜命名，例如，脾浆膜、肝浆膜等。腹膜脏层和腹膜壁层之间联系的双层腹膜称为系膜，例如，肠系膜、肝脾系膜等。

腹膜壁层、腹膜脏层和系膜之间形成的潜在间隙为腹膜腔。腹膜壁层参与构成的腹膜腔为腹壁腹膜腔，该腹膜腔大而简单，是抽吸腹水的理想位置。完全由系膜和腹膜脏层构成的腹膜腔为脏器腹膜腔，该腹膜腔弯曲多变，形态复杂，不利于抽吸腹水。

在正常生理状态下，腹膜腔内有少许润滑液（图 64.1），均匀分布在腹膜腔

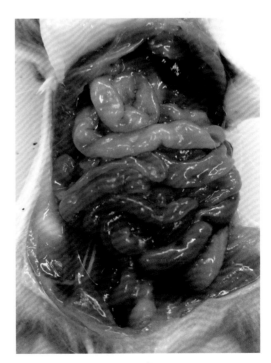

图 64.1　在正常生理状态下后腹膜腔内的润滑液

① 本章作者：徐桂利。

内，不形成积液。

　　腹水（图 64.2）是位于腹膜腔内的内源性病理性液体。少量腹水会较均匀地分布在腹膜腔内，大量腹水则随小鼠体位和腹膜腔结构分布。当小鼠仰卧时，腹水会沉聚在背侧腹壁腹膜腔内；当小鼠头高尾低位时，腹水聚积在后腹壁腹膜腔。因膀胱－腹壁系膜（图64.3）的间隔，腹水会分别聚积于两侧的左、右后腹壁腹膜腔。因此，大量抽取腹水时，需要分别从左、右后腹部抽取。小鼠先取仰卧位数十秒钟，使腹水从脏器腹膜腔流向背侧腹壁腹膜腔，然后头高位可以使腹水向下聚集于后腹壁腹膜腔内，便于抽取采集。

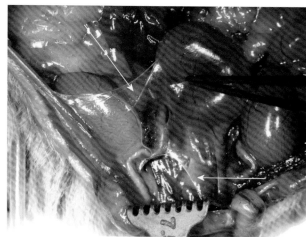

图 64.2　病理状态后腹腔内的腹水，　图 64.3　膀胱－腹壁系膜，如箭头所示
如箭头所示

　　根据腹腔内接种的肿瘤细胞恶性程度的不同，腹水颜色各异。恶性程度低的腹水颜色呈淡黄色（图 64.4），反之为血性红色（图 64.5）。

图 64.4　恶性程度低的腹水　　　图 64.5　恶性程度高的腹水

在腹腔内接种细胞后，小鼠腹腔内肠系膜会发生改变，甚至形成瘤组织（图 64.6）。

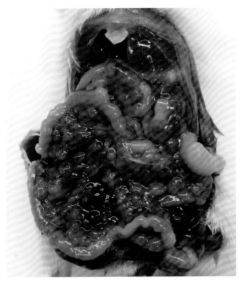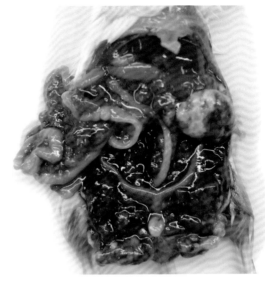

图 64.6　小鼠腹腔内的瘤组织

三、器械与耗材

22 G 针头；5 mL 注射器；15 mL 离心管；凡士林。

四、操作方法

小鼠腹水采集法见图 64.7。▶

1. 小鼠无须麻醉。"V"形手势固定，以仰卧位保持半分钟后，呈头上尾下位保持半分钟。→

2. 注射器内保留 0.1 mL 空气，将针孔斜面向腹侧，于左后腹由后向前刺入腹腔 0.5 ～ 1 cm。↓

3. 匀速抽取腹水。

↓

4. 当不能再持续抽取腹水时，将小鼠向左侧倾斜，使腹水聚集于腹膜腔左后角，针头向外抽出少许，保持针孔在腹膜腔内继续抽取。↓

5. 拔出针头，针孔处涂凡士林止漏。↓

6. 如需更多腹水，同样方法于右侧腹膜腔抽取腹水。

图 64.5　腹水采集法

操作讨论

（1）进针时，针头斜面朝向腹壁。一旦出现软组织阻塞针孔，可以将针头远离腹壁，摆脱针孔内的软组织。

（2）进针过深，容易损伤内脏和腹腔系膜。

（3）抽腹水时，使针筒中存在 0.1 ~ 0.2 mL 的空气。软组织阻塞针孔时，可以注射空气以顶出针孔内的软组织。

（4）若一次性抽取大量腹水，会使腹腔内压急剧下降，减压后内脏出现急剧充血，可导致小鼠迅速死亡。若一次抽取 1/3 腹水，数日后再次抽取，可安全获取更多的腹水。

（5）勿从腹正中线进针，避免损伤腹腔内脏器。

6

其他

第六篇

第 65 章
精曲小管影像标本采集

一、背景

小鼠精曲小管影像学研究，需要展开精曲小管。由于小管极细小脆弱，展开时不可使用任何手术器械夹持。本章特别介绍精曲小管展开的方法。

二、解剖基础

小鼠睾丸（图 65.1）表面光滑，精曲小管紧密蜷曲在其中（图 65.2，图 65.3），被白膜紧紧包绕。白膜厚韧，轻巧地去除白膜，精曲小管依然紧密抱团。用耦合剂处理，可清楚看到摊开在其中的每一根精曲小管（图 65.4）。

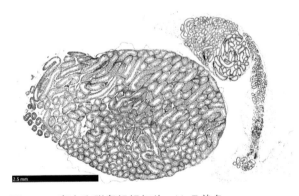

图 65.1　睾丸和附睾组织切片，H–E 染色

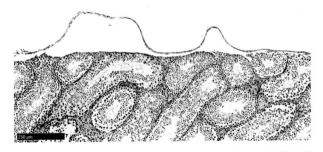

图 65.2　小鼠睾丸白膜的病理切片，H–E 染色。示部分脱离的白膜和紧密排列的精曲小管

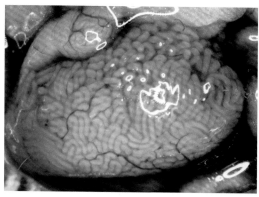 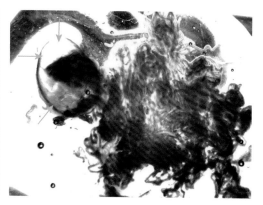

图 65.3　蓝色染料灌注睾丸静脉后，血管中渗出的染料进入精曲小管之间，显示精曲小管的形态。图中白膜已剥除

图 65.4　在耦合剂中摊开的精曲小管。箭头示已经排空精曲小管的白膜壳

三、器械与耗材

　　29 G 针头胰岛素注射器；29 G 钝针头；显微镊；细胞培养皿；耦合剂。

四、操作方法

　　精曲小管影像标本采集法见图 65.5。▶

1. 在钝针头注射器内灌入耦合剂。
↓

2. 新鲜小鼠尸体解剖，采集睾丸，保留 1 mm 长的睾丸动静脉。置于细胞培养皿内，移至显微镜下。
↓

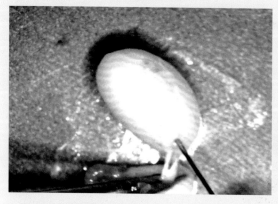 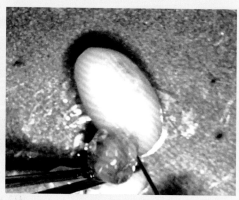

3. 用镊子夹住睾丸一极的白膜，用胰岛素注射器的针头于镊子旁刺破白膜后，立即拔出针头。→

4. 更换钝针头从白膜穿孔插入睾丸，注入少许耦合剂，可见耦合剂自针孔溢出。↓

5. 一边缓慢注射耦合剂，一边缓慢深插针头，接近睾丸另一极，继续注射耦合剂，可见精曲小管开始自针孔溢出。→

6. 继续注入耦合剂，大量精曲小管溢出白膜。图中可见耦合剂占据睾丸内容积的 1/5。↓

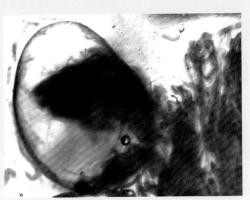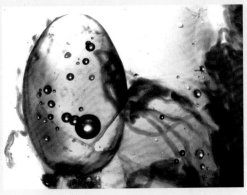

7. 继续注入耦合剂，把溢出的精曲小管摊开在耦合剂中。此时更换透照光观察更清晰。→

8. 直至将几乎所有精曲小管都挤出白膜。↓

9. 抽出针头，在耦合剂中展开精曲小管。↓

10. 图为倒置显微镜下看到的摊开在耦合剂中的精曲小管。圈示排空精曲小管的睾丸白膜。箭头示摊开的精曲小管。

图 65.5　精曲小管影像标本采集法

操作讨论

（1）耦合剂中加入少量染料，便于观察耦合剂的范围。

（2）需要摊开精曲小管时，可以用钝针头在相应的位置注射耦合剂来移动精曲小管。

第 66 章
凝固腺影像标本采集

一、背景

小鼠凝固腺影像研究，需要将腺体内染色和腺体外分离配合起来，把固缩成一团的凝固腺展开，以方便观察每一条腺管的状况。单一腺管注射染料，可以显示一条腺管；尿道灌注可以显示整个腺体。本章介绍凝固腺内灌注法和凝固腺外分离法。

二、解剖基础

小鼠凝固腺（图 66.1）被精囊环抱，左、右各两叶，每叶由多条平行排列的腺管组成（图 66.2，图 66.3）。两叶凝固腺靠得很近，但是没有牢固的连接（图 66.4），两叶各有一条凝固腺动脉供血（图 66.5）。选择单一腺管注射，可以有选择性地灌注一条腺管。由于每叶凝固腺的数条腺管归到一起，然后以一条输出管（图 66.6）进入尿道，若要进行凝固腺整体染色，可将染料逆向通过此输出管灌入凝固腺的全部腺管内。

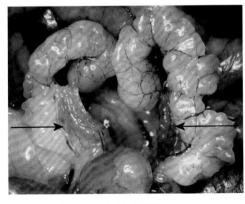

图 66.1　凝固腺，如箭头所示

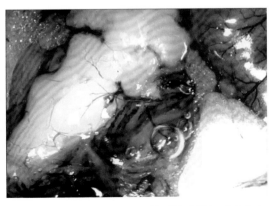

图 66.2　凝固腺由多条平行排列的腺管组成（蓝色染料灌注凝固腺）

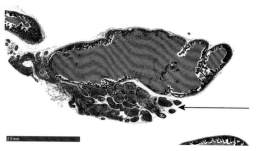 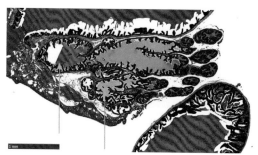

图 66.3　凝固腺病理切片，H–E 染色。箭头示
由多条腺管组成的凝固腺

图 66.4　两叶凝固腺彼此靠近，没有连接，如箭
头所示

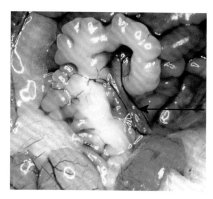 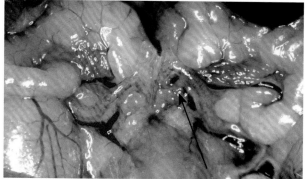

图 66.5　凝固腺的血液供应。箭头示
血管

图 66.6　凝固腺输出管连接尿道。箭头示输出管

三、器械与耗材

（1）手术板；手术显微镜；31 G 钝针头 +1 mL 注射器；细胞培养皿；7–0 显微缝线（结
扎线）；胶带。

（2）5 cm PE 10 管，前端拉细，作为尿道插管，后接 10 cm 硅胶管，并连接 22 G 钝针
头（平口连接针头），钝针头连接 1 mL 注射器，注射器内吸入液体染料。

四、操作方法

（一）凝固腺内灌注法（图 66.7）▶

1. 雄鼠常规麻醉。腹部备皮后仰卧于手术板上，双后肢胶带固定。

　↓

2. 开腹暴露凝固腺、膀胱，用 PE 10 管做尿道插管 ⑩、㊾。

　↓

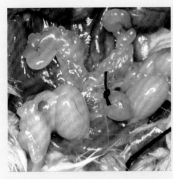

3. 结扎膀胱，开始经尿道灌注凝固腺。图中部黑线为结扎膀胱，下部黑线固定尿道插管。→

4. 缓慢灌注，可以发现红色液体向凝固腺扩展。→

5. 继续灌注，可以将整个凝固腺灌满。

图 66.7 凝固腺内灌注法

（二）凝固腺外分离法（图 66.8）

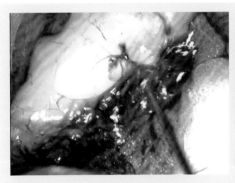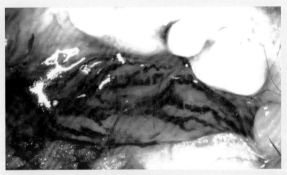

1. 将 31 G 钝针头顶着凝固腺（已用蓝色染料灌注）表面向腺管间推注耦合剂。→

2. 随着耦合剂的注入，各腺管分离加大。针头移向尚未分离处继续灌注。当每一条腺管都圆满分离时，即可停止灌注。↓

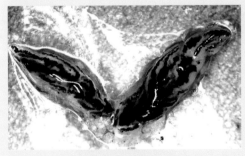

3. 剪断凝固腺输出管，将腺体整个移到细胞培养皿中，放置于倒置显微镜下观察。图为显微镜下的左、右凝固腺，呈树叶状。→

4. 如果不做染料灌注，在透照显微镜下可以看到凝固腺血管。

图 66.8 凝固腺外分离法

操作讨论

（1）经尿道灌注凝固腺的方法，也可以灌注膀胱、精囊、前列腺、输精管甚至附睾。具体目标器官灌注的选择，在于精准的结扎设计和操作。

（2）从尿道灌注，膀胱是第一进入的器官，凝固腺是第二进入的器官，所以灌注凝固腺只结扎膀胱即可。如果灌注其他器官，需要结扎膀胱和凝固腺。

第 67 章

前列腺影像标本采集

一、背景

目前，人类前列腺疾病的相关研究非常多，且具有重要临床意义，对小鼠前列腺的研究自然也就不容忽视。虽然前列腺体积很小，手术研究困难，但其透光性强，有利于开展影像研究，例如，观察一些标记的表达等。另外，前列腺和凝固腺靠得很近，结构相似，取标本时常常一起采集。

二、解剖基础

小鼠有 5 叶前列腺（图 67.1～图 67.3）。结构与凝固腺很相似，由多条平行的腺管组成。前列腺在尿道腹面有 3 叶（图 67.4）：左前叶、右前叶和中叶，其中，中叶最小。尿

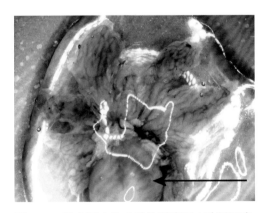

图 67.1　游离下来的 5 叶前列腺和 4 叶凝固腺。上面 4 个大叶为凝固腺。余下的为前列腺。箭头示膀胱

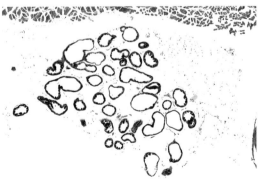

图 67.2　小鼠前列腺病理切片，H–E 染色

道背面有 2 叶（图 67.5）：右后叶和左后叶。每叶前列腺有输出管通往尿道。从腹腔后路看后叶，没有膀胱遮蔽，因而更清晰些（图 67.6）。

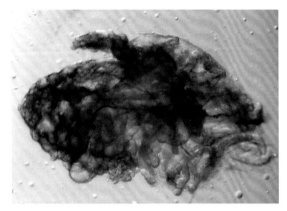

图 67.3　显微镜下一叶前列腺的透光影像

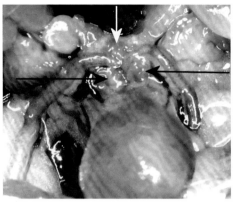

图 67.4　前列腺在尿道腹面有 3 叶：左前叶（右箭头）、右前叶（左箭头）和中叶（白箭头）

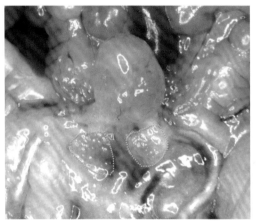

图 67.5　前列腺在尿道背面有 2 叶：从腹面将膀胱翻起，观察右后叶和左后叶，如绿圈所示

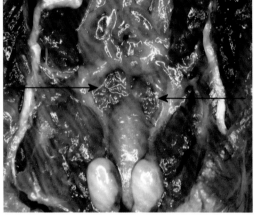

图 67.6　从腹腔后路看前列腺后叶，如箭头所示

三、器械与耗材

倒置显微镜；显微尖剪；显微尖镊；玻璃培养皿；蓝色染料；耦合剂。

四、操作方法

前列腺影像标本采集法见图 67.7。

1. 将新鲜雄鼠尸体剪除肛门后，剥除后半身皮肤。→

2. 撕尾 ㉒。↓

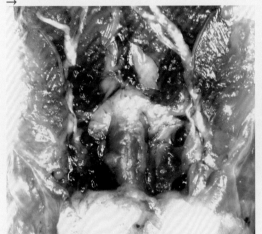

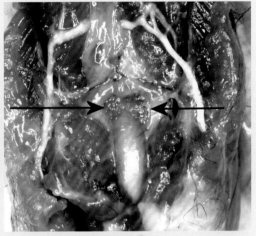

3. 暴露腹腔背面。→

4. 切除直肠，暴露前列腺后叶，如箭头所示。↓

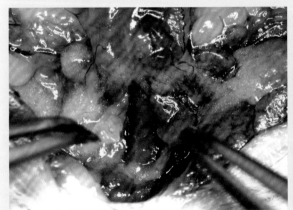

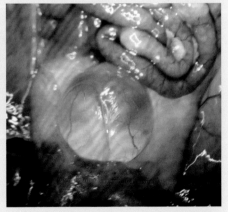

5. 用镊子分离左、右后叶。→

6. 翻转小鼠呈仰卧位，开腹，暴露膀胱 ⑰。↓

7. 撕断膀胱 – 腹壁系膜，令膀胱翻向尾侧，暴露前列腺左前叶、右前叶和中叶。↓

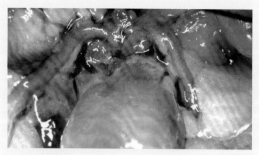 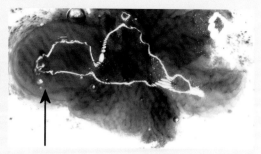

8. 去除表面筋膜，充分暴露前列腺。图为镊子夹起前列腺中叶，前列腺左前叶、右前叶已经分离。↓

9. 剪断左、右输尿管和输精管。↓

10. 距离膀胱 2 mm 处剪断尿道。→

11. 完整游离膀胱和所有前列腺、凝固腺，将其置于玻璃培养皿中，于显微镜下以透照光观察。滴极低浓度的蓝色染料 – 耦合剂混合液，可以更清晰地分清楚各叶。图中箭头示膀胱。↓

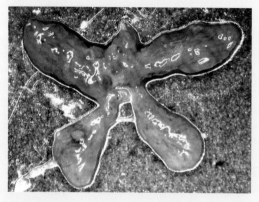 

12. 去除膀胱和凝固腺，可以获得连在一起的前列腺。→

13. 也可以将前列腺分成单叶。图为左前叶前列腺。↓

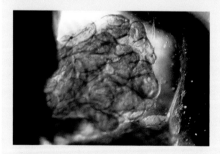

14. 以透照光观察腺体内部，血管清晰可见。

图 67.7　前列腺影像标本采集法

操作讨论

开腹后如果膀胱过度充盈，需先抽尿以方便暴露前列腺。

第 68 章

中耳样本采集①

一、背景

在小鼠生产和使用过程中，常会出现中耳发炎的问题。当小鼠出现头部歪斜、沿着歪斜的方向移动或转圈（图 68.1）时，需要考虑中耳是否发生了感染。

图 68.1　患中耳炎的小鼠一直向右旋转运动

对小鼠耳部解剖结构的了解及正确的中耳采样方式有助于后续微生物培养，也有助于中耳炎相关病原体的分离和鉴定。

二、解剖基础

小鼠耳（图 68.2）由外耳、中耳和内耳组成，具有位听和平衡功能。外耳道长度为 0.36 ～ 0.42 cm。外耳道的末端有鼓膜与中耳分隔，中耳（图 68.3 ～ 图 68.5）由鼓室、听小骨和咽鼓管等组成，其中咽鼓管连接鼓室与鼻咽部，使鼓膜两侧的大气压保持平衡，这种特殊的结构也可以解释为什么中耳炎的病因很大部分是和呼吸道疾病相关。

---

① 本章作者：郭连香。

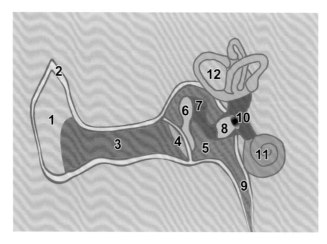

1. 外耳
2. 耳廓
3. 外耳道
4. 鼓膜
5. 鼓室
6. 锤骨
7. 砧骨
8. 镫骨
9. 咽鼓管
10. 前庭
11. 耳蜗
12. 半规管

图 68.2　小鼠耳结构（示意）

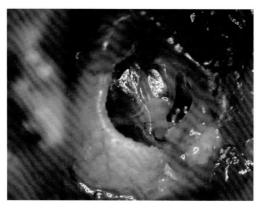

图 68.3　中耳外侧观

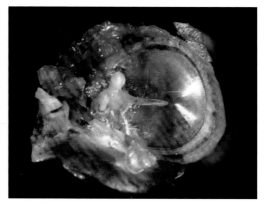

图 68.4　中耳内侧观。可见听骨及其背面的鼓膜

图 68.5　展开听泡观察中耳

三、器械与耗材

无菌剪子；镊子；采样拭子（PP 材质，直径 1 mm）（图 68.6）；75% 酒精。

图 68.6　采样拭子

四、操作方法

小鼠中耳标本采集包括尸体采样和活体采样两类。

（1）尸体采样。小鼠安乐死后，马上用 75% 酒精喷洒外耳道及其附近皮肤进行局部消毒，待酒精挥发后，用无菌剪子剪开外耳道和鼓膜，暴露中耳。用两支无菌生理盐水湿润的无菌采样拭子轻轻擦拭中耳病灶部位的分泌物。一支涂片，行革兰氏染色，镜检；另一支用于接种细菌培养。

（2）活体采样。小鼠麻醉后，可用 75% 酒精喷入外耳道进行局部消毒，待酒精挥发后以无菌采样拭子轻轻插入小鼠外耳道（图 68.7）。听到耳膜破裂的声音时，采样拭子突破耳膜达到中耳部位，轻轻转动拭子进行中耳样本采集（可根据小鼠外耳道直径选择合适的采样拭子）。在未听到耳膜破裂的声音时，采样拭子进入耳道长度应大于 0.5 cm。

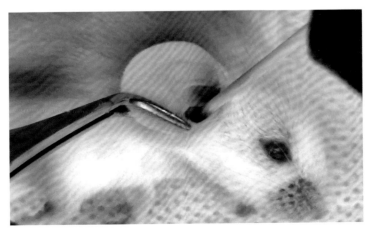

图 68.7　将无菌采样拭子轻轻插入小鼠外耳道

Perry 小鼠实验
标本采集

操作讨论

（1）中耳炎没有影响到平衡功能时，常不会表现临床症状，因此，为了了解鼓膜和中耳的变化，显微镜下的大体解剖和病理检查都是必要的。当病症蔓延至内耳，会出现平衡失调的体征。

（2）中耳拭子采样相对比较简单易行，因此，在饲养或实验过程中，如果发现小鼠有发生中耳感染的情况时，应及时采集样本送检，以确认小鼠群体的病原体携带情况，进而及时控制感染。

（3）中耳灌洗法活体采样，由于成功率较低，采用者少。

第 69 章

皮表样本采集[①]

一、背景

在实验小鼠生产和使用过程中，定期进行微生物质量检测是必不可少的一个环节。采样检测时，除了需要采集待检小鼠的血液、粪便及呼吸道样本之外，还需要采集皮表的毛发、皮屑样本；另外，当小鼠出现脱毛、皮肤瘙痒、鳞屑等症状时，除了考虑过度理毛、打架、品系、环境、饮食等原因外，还应考虑是否存在感染，需做体表寄生虫和（或）细菌检测。

二、解剖基础

小鼠和人的皮肤构成不同，其身体大部分皮肤由表皮层、真皮层、真皮下层和皮肌层四个部分组成。表皮为复层扁平上皮，直接与外界接触，较厚的表皮一般为四层细胞结构，由外到内依次为角质层、颗粒层、有棘层、基底层。真皮层位于表皮层和真皮下层之间，由纤维结缔组织和皮肤衍生物构成，真皮下层主要由疏松结缔组织和脂肪组织组成，内含丰富的血管、淋巴管、浅表淋巴结和腺体等。小鼠感染牛棒状杆菌后表皮增生、有棘层和角质层增厚（图 69.1）。

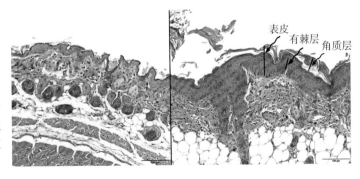

图 69.1　小鼠皮肤病理切片，H–E 染色。左为正常皮肤，右为感染牛棒状杆菌皮肤，表现为表皮增生，有棘层增厚，过度角化

---

① 本章作者：郭连香。

三、器械与耗材

刀片；无菌棉签；透明胶带（采集到待检毛发的胶带样本）（图69.2）；无菌离心管和运输培养基（图69.3）。

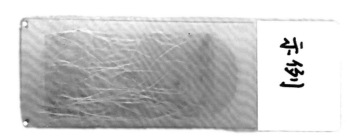

图 69.2　采集到待检毛发的胶带样本

图 69.3　运输培养基

四、操作方法

常见的来自小鼠活体或新鲜尸体的皮表样本采集方法有以下两种：

（1）用刀片刮取待检部位的皮屑或拔下部分毛发装入无菌离心管中送检。

（2）用无菌棉签擦拭待检部位皮肤表面。如果有皮肤脓肿，应采集脓液和正常皮肤组织交界处的拭子样本。如果拭子无法立即检测，应插入运输培养基中送检。

操作讨论

（1）最常见的感染因子包括：牛棒状杆菌、螨虫、葡萄球菌等。其中，裸鼠感染牛棒状杆菌后，会因过度角化出现皮屑，通常发生于背部（图 69.4）; SCID 小鼠则通常发生于脱毛部位，皮屑、皮肤拭子都是较好的检测对象。其他细菌感染后可能会使小鼠身体表面出现脓肿、肿胀（图 69.5），这种病变最常见于头面部和包皮腺，但也可能出现在身体的其他部位。

（2）体表寄生虫（图 69.6，图 69.7）通常存在于头部、颈部、背部、腋下、腹股沟等皮肤表面，感染轻微时无明显症状，随着感染加重可出现瘙痒、红肿、破溃，甚至继发感染出现溃疡性皮炎。也有一些螨虫（例如，蠕形螨）寄生于毛囊内，此时刮取表皮皮屑更容易检测到。

（3）体表寄生虫的检测：可以将动物安乐死后置于深色纸张上，随着动物体温降低，螨虫会离开尸体寻找新的宿主，此时可以很容易在纸上观察到虫体。

图 69.4　感染牛棒状杆菌的裸鼠

图 69.5　感染葡萄球菌的裸鼠

图 69.6　显微镜下观察到的螨虫卵（10×）

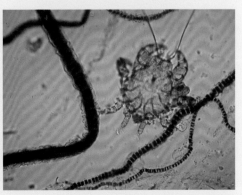

图 69.7　显微镜下的疥螨

丛书索引

给药技术

41 门静脉注射

42 盲肠静脉注射

43 肾静脉注射

44 雄鼠生殖静脉注射

45 雌鼠生殖静脉注射

46 髂腰静脉注射

47 腹壁后静脉注射

48 阴茎背静脉注射

49 阴茎头注射

50 股静脉注射

51 股静脉皮支注射

52 股静脉肌支注射

53 隐静脉注射

54 跖背静脉注射

55 尾侧静脉注射

56 膜给药概论

57 眼球表面给药

58 球结膜下注射

59 舌黏膜下注射

60 滴鼻

61 肝浆膜下注射

62 脾浆膜下注射

63 肾浆膜下注射

64 肾纤维膜下注射

65 膀胱膜下注射

66 肠系膜下注射

67 卵巢浆膜下注射

68 睾丸白膜下注射

69 凝固腺管筋膜内注射

70 神经外膜下注射

71 脑内注射

72 前房注射

73 玻璃体内注射

74 眼球后注射

75 肺注射

76 肝注射

77 脾注射

78 肾注射

79 精囊注射

80 子宫腔注射

81 腰椎穿刺

82 骨髓腔注射

83 膝关节腔注射

84 腹主动脉筋膜注射

85 股动静脉筋膜下注射

86 浅筋膜内注射

87 提睾肌外筋膜内注射

88 前列腺筋膜内注射

89 淋巴结注射

90 神经节注射

91 间接给药概论

92 鼻腔灌注

93 经气管灌注肺

94 经胆总管灌注肝

95 经胆总管灌注胰腺

96 经肾盂灌注膀胱

97 经凝固腺灌注膀胱

98 经尿道灌注精囊

手术操作